■ 日本農業の動き ■　No.198

# 危機に瀕する
# 日本の酪農・畜産

農政ジャーナリストの会

# 目次

農業気象台……4

〈特集〉危機に瀕する日本の酪農・畜産

これからの畜産経営を考える……会員 吉村 秀清……6

酪農・畜産政策の総括と今後の課題……東京大学大学院農学生命科学研究科 教授 鈴木 宣弘……20

質疑……49

畜産経営の持続的発展の方向……日本大学生物資源科学部動物資源科学科 教授 小林 信一……52

質疑……70

私の畜産経営論……ドリームファーム 代表 佐藤 宏弥……76

質疑……88

EUにおける酪農・畜産政策……株式会社農林中金総合研究所　主席研究員　平澤　明彦…96
質疑……125

〈農政の焦点〉
吉と出るか凶と出るか？　都市農業施策の大転換……会員　榊田みどり…130

〈地方記者の眼〉
農産物輸出の最前線 沖縄から……土橋　大記…136

〈海外レポート〉
見聞！　ドイツの「緑の週間」～市民参加型の農業政策の形成～……会員　石井　勇人…142
ヤギを核に多様な連携　～全国山羊サミットin岐阜～……会員　小谷あゆみ…148

〈アンケート〉
安倍政権の農政の評価を問う●調査結果……152
編集後記……158

## 農業気象台

○…国会も含め、農業活性化の議論がなんとも低調だ。日欧FTAやTPP11、生産調整後のコメ産地の行方など課題はいろいろとあるはずなのに、ほとんど何の議論もなく、法案が次々と通っていく。マスコミとしても議論を巻き起こさなければならないのだろうが、農業問題が大きなニュースとして取り上げられることは少ない。理由は一つ。政府が農業問題を、「農家所得の倍増」へ矮小化していることだ。

農家所得の倍増は二〇一三年、政権に復帰した安倍政権が農林水産業・地域の活性創造プランの中で打ち出したスローガンである。農家所得の定義が分からないなどの批判があったものの、農家にとって、所得が増えることに異論は無い。農協改革、生乳の流通改革など、以来、五年以上にわたって安倍政権は農家所得の倍増を錦の御旗に、農政を進めてきた。

○…この「農家所得の倍増」、マスコミとしてはちょっとやっかいなスローガンだ。例えば、農産物輸出。農家の手取りを増やすために日本農業が輸出に取り組まなければならないのはわかる。しかし所詮それは、農家のメリットに過ぎない。新聞を読んだり、テレビを見たりする多くは農家以外の一般の読者であり視聴者である。農産物輸出って、結局は農家の話でしょ、国民全体にどんな関係があるの？ と問われれば、取り上げる方としてもなかなか辛いものがある。もちろん、農家の所得が増えることは農家人口を増やし、その結果、食料安全保障にも資する。そうした説明ができないことはない。しかし一般の読者や視聴者からは遠すぎるのだ。六次産業化にしても、卸売市場改革にしても同じ。記事にして取り上げたいと思っても、それが「農家所得を増やすため」であれば、問題が狭いところにとどまってしまう。

○…問題なのは、その間も農業の弱体化が徐々に進行していることだ。そのことが最も身近に感じられたのは今年の冬の野菜高騰だった。昨年末から始まった異常なばかりの野菜高騰は、今回は四ヶ月近くにわたって続き、家計を直撃した。キャベツ、白菜、大根の小売価格は、三月中旬の今も平年の一・五倍となお高い水準にある。もちろん今回の野菜高騰は、去年一〇月の台風二一号とその後の低温による影響が大きい。しかしそもそも野菜の販売戸数は減り、作付面積も年々低下しているのだ。そこに台風と低温である。高齢化した農家ではとても対応できず、構造的に値上がりする状況になっていると言える。

価格が高騰しているのは野菜ばかりではない。安倍政権が誕生した二〇一二年と五年後を総務省の全国小売り統計を元に調べてみると、牛肉は一〇〇グラムあたり八九八円と一四％の値上がり。豚肉は一三％、品不足で騒いだバターは一二％の上昇となっている。では輸入はどうかと言うと、こちらも、この間の円安誘導策で価格は上昇。デフレや節約志向で家計からの支出が横ばいで推移する中、食費にかかる出費だけが増え続けていく。こうした状況になっている。消費者としては堪ったものではない。

二〇一六年の生産額ベースでの日本の食料自給率が、六八％に上昇したのも品不足から来る価格上昇の要因が大きく、カロリーベースで三八％と下落した生産現場の実態を深刻に考えなければならない。輸出や農協改革など目立つ政策ばかりに力を入れた結果ではないのか。

〇…農業の最大の使命は、安全で良質な農産物を、安定した価格で安定的に国民に届けることだ。農業は天候次第。確かにそうした面は大きいのだろう。しかし台風や低温などの天候異変の陰に隠れて、農業の弱体化が進んでいるとすれば、大変なことだ。安倍政権は、所得倍増を掲げ、農産物輸出や六次産業化に取り組み、それなりの数字は残している。しかしこの状況をみれば、農業がその使命を国民に十分果たしているようには見えない。

農政は農家所得を上げるだけに行うのではない。国民の税金を使うからには、生産性を上げることを通して、価格を安くし、消費者に還元しなくてはならない。農家所得を上げるばかりの農政に終始しているのでは、いつか国民からそっぽを向かれるだろう。まさか、農家にいい顔をして、票に結びつけようなどとはとても考えていないとは思うが。

**農業気象台**

特集：危機に瀕する日本の酪農・畜産

# これからの畜産経営を考える

会員　吉村　秀清

統計の分野では標本調査という用語がある。統計調査の方法は二つあり、全員に対して行われる調査が全数調査、もしくは悉皆調査といわれるもので、代表的なものが国勢調査である。これに対して標本調査と呼ばれるもので、全体ではなく一部の調査をして全体を推計する調査手法のことをいう。農林統計の分野ではコメの収量を正確に把握するために標本調査理論や手法の研究が熱心に行われ、国際的にも高い評価を得るに至っている。

さて、近年の様々な制度改革を巡っては、本当に全体の意見を反映するようなプロセスで行われているのかという疑問が、少なからず出されている。つまり、標本理論が活かされていない改革論議・決定が、最近の動きである。産業競争力会議、規制改革会議、経済財政諮問会議、そして、農林水産業関連でいうと農林水産業・地域の活力創造本部等、官邸主導の改革は、何を目的にしているか、目標は何か、その真意が伝わってこない。種苗法の廃止などはその典型であろう。

また、戦後の酪農の発展を支えてきた加工原料乳生産者補給金等暫定措置法、いわゆる不足払い法を廃止し、畜産経営安定法を改定して、加工原料乳生産者補助金交付の新たな仕組みが平成三〇年四月から施工されることとなったが、これは戦後半世紀にわたりわが国の酪農経営の安定と生乳需給の安定に寄与した制度を崩し、大きな混乱を招きかねないと危惧する専門家も多い。

現在の酪農家からの生乳出荷を指定団体に一元的に集約する仕組みは、乳製品の輸入自由化が進展する中で、国産生乳の価格と酪農経営の安定を図るために一九六〇年代に整備された戦後酪農政策の重要な装置である。それを十分に検討もされず、また、イギリスやオーストラリアにみるミルクボードの解体の結果、酪農経営がどのように推移したかの検証も試みずして改革されようとしているのである。

## 多難な経営環境のなかで

そうでなくとも畜産を巡る環境は厳しい状況にある。和牛牛肉の輸出が好調だという明るい面もあるが、国内問題だけでも畜産経営者の高齢化、それに伴う畜産農家の激減、同時に飼養頭数の減少、素牛の価格高騰、労働力の確保困難、国際的なエサの高止まりなど難問山積である。また国際的にはＴＰＰ11、日欧ＦＴＡ、日米ＦＴＡなども控えており、自由化の圧力に伴う競争激化の嵐が待ち構えている。

特に、畜産経営者の高齢化と畜産農家の激減の課題は、これまでと様子が大きく変わってきたように思われる。つまり、これまでは畜産経営の育成や後継者確保には、いかにして「儲かる経営」を実現するかということが目標とされた。そのため畜産政策も経営規模の拡大や経営の効率化のための支援体制の整備、コストの中枢をなす飼料対策に努めてきたが、近年の畜産経営からの離脱要因は、経営は相変わらず厳しいということは変わらないにしても、ＴＰＰなどを始めとした先行きを見通せないことが経営の継続・継承に大きく影響している。北海道の畜産農家でも経営そのものはそれほど悪くはないものの、借金がないうちに経営を止めた方が先行き安全だと判断するケースが見られるようになった。この動きは中小零細経営のみならず大規模経営でも見られているというから深刻だ。

もう一つの課題である輸入飼料価格の高止まりは、わが国畜産経営の特徴である輸入飼料依存型経営からいかに転換するかということになるが、土地と連係していない畜産生産形態で発展を遂げてきたわが国独自の構造を大きく変えていくことは、相当のエネルギーが必要であると言ってよい。

このように今、畜産経営が抱えている二つの課題だけを見ても、短期間で解決する、あるいは対症療法的な方法で解決する内容ではない。その点では、先に決められて「酪農及び肉用牛生産の近代化を図るための基本方針」（以下、「酪肉近」と略称）は向こう一〇年先を見通したもので、その「まえがき」に、「今後一〇年間は、次世代の我が国の酪農及び肉用牛生産の基礎を形づくり、方向性を左右する重大な期間となる」と書き込まれているが、その認識はまさにその通りである。ポイントは、そうした認識の下でどのような畜産政策が展開されるか、そして、その下で畜産経営者をはじめ関係者がどのように取り組むかにかかっている。

わが国の畜産経営を考えるときに、中・長期的な視点が必要なことには異論がないところであろう。そして、その方向がぶれることなく進められれば、畜産経営者も戸惑わず経営を諦めることもないであろうし、あるいは経営を継続するべく後継者の確保も可能となる。

## 求められるこれからの畜産経営

平成二二年宮崎県で口蹄疫が発生して、今年で九年目となった。筆者は、わが国畜産史上、最大の惨事を決して忘れてはいけないと思っている。口蹄疫との戦いの記録をまとめた宮崎日日新聞社著「ドキュメント　口蹄疫」（農村漁村文化協会　発行）の表紙の帯には「記憶の風化を許さない」としている。プロローグでは、「口蹄疫が持つ『人災』の側面から目をそらしてはいけない。」とも訴えている。

私が、この件に拘るのは、口蹄疫が発生した際に、現地に入った経験があったからだ。取材ではなく、畜産現場に入ってさまざまな作業に携わった。宮崎入りしたのが五月末であったから口蹄疫が発生してすでに一か月半が過ぎようとしている時期であったが、混乱はまだ続いていた。指定のホテルに入ると、夜中というか早朝にドアの隙間から紙が差し入れられ、その日の集合場所と作業農場を指示されるが、何をやるかは現場に行ってみないことには分からないという具合であった。

現場では異様な雰囲気と光景であった。目をあけたまま絶命している子牛の姿が今でも脳裏から離れない。また、現場で従事している疲れ切った若者の無表情な顔つきも忘れることはできない。それはともかくとして、この作業に参加して多くのことを学ばせてもらった。詳細はここでは省くが結論的には、畜産経営の立地条件が基本法農政時代とは大きく変わってしまったのではないかと強く感じた。宮崎県の畜産は、基本法農政の下で経営規模を大きくし、畜産基地として十分発展を遂げてきて、極めて優等生であったと言えよう。

しかし、口蹄疫の惨状を目の当たりにすると、この国際化社会のなかでの畜産経営の在り方を見直すことが必要ではないかと感じた。つまり立地条件として、三つの要素を兼ね備えることが必要になったのではないかと思っている。その第一は経済性であるが、これは今も昔も変わらない。第二はリスク管理的要素である。人、資材、動物などが地球上のあちこちから訪れるようになり、防疫上の対策は日常的にしっかり取り組まれることが必要となってきた。第三は環境的要素である。家畜糞尿処理と堆肥の活用が地域内及びその近郊でできることが必須の条件と考える。

これからの畜産経営は、この三つの要素に十分対応できることが求められ、どの要素も近年では専門性が高くなっているだけに、畜産経営者をサポートする組織の役割がこれまで以上に重要になってきている。それも持続的な経営の維持に配慮される必要があろう。

## 口蹄疫という稀有な経験に学ぶ

では国が行った口蹄疫対策検証委員会の「口蹄疫対策検証委員会報告」(平成二三年一一月)では、「一〇 防疫の観点からの畜産の在り方」を以下のようにまとめている。

(一) 家畜衛生の視点を欠いた畜産振興はあり得ない。このため、畜産の在り方については、規模拡大や生産性の向上といった観点だけでなく、防疫対応が的確に行えるかという観点からも見直すべきである。

(二) こうした観点から、飼養規模・飼養密度などを含めた畜産経営の在り方について、国や都道府県は一定のルールを定めたり、コントロールしたりできるように法令整備も検討すべきである。その際、国は、我が国における畜産経営の在り方に関する基本的な方針を示すべきである。また、防疫方針に基づく防疫対応の実施が都道府県中心に行われ、実際の状況が都道府県ごとにかなり差がある以上、防疫対応を円滑に行えるようにする観点から、都道府県に具体的な権限を付与すべきである。

(三) 特に、大規模経営については、感染した場合の影響が大きいことから、早期の発見・通報などが確実に行われるようにするため、

① 家畜保健衛生所・獣医師会などと連携のとれる獣医師を置く、

② 現場の管理者に対し獣医師・家畜保健衛生所へ速やかに通報することを社内ルールで義務付ける、

などの手当が必要である。

(四) また、一〇年前の発生事例では、その原因として輸入飼料が疑われ、その対策の強化が行われたが、ウイルスの侵入防止という観点からも輸入飼料に過度に依存しないよう、粗飼料の完全自給などを目指していくことが重要である。

(※アンダーバーは筆者が追加した。)

このような検証は、宮崎県でも行っており、宮崎県口蹄疫対策検証委員会「二〇一〇年に宮崎県で発生した口蹄疫の対策に関する調査報告書(二度と同じ事態を引き起こさないための提言)」では、「新しい畜産の構築に向けて」のなかで高密度の畜産飼養、リスクの高い飼養規模の拡大や畜種の混在、堆肥処理など環境面での対策が十分でなかったことが指摘されている。その上で、「防疫のリスクや環境にも配慮した適正飼養規模の保たれた畜産及び長期的な取組として、機能的にゾーニングされた畜産地帯」を目指すことなど五項目を提案している。

これまで述べてきたように畜産経営を巡る環境は大きく変わってきたこと、また口蹄疫という稀有な経験をしてきたことを考えると、これからの畜産経営を考える際に大胆な発想の転換が求められているのではないか。前述の二つの報告書はそうしたことの必要性を謳っている。

## 地域偏在の畜産立地の実態

わが国の畜産経営は戦後飛躍的に発展してきた。その発展の要因は旺盛な畜産物消費に支えられるとともに、生産面で、海外からの安価な飼料を調達できたことである。その結果、畜産の立地は農地との結びつきが希薄であったことにより、畜産経営の規模拡大を比較的容易にさせたともいえる。土地利用型農業の規模拡大では農地の貸借や取得という大きなハードルがあるが、畜産経営では施設整備と家畜を確保できれば比較的規模拡大が行いやすいという性格を有していた。このことは畜産経営の場合、地域との関わりが比較的弱いという特徴を持っていたといえる。

こういう特殊な条件があったことにより、畜産の立地が地域的に偏在するという状況を生み出している。その状況を生産農業所得統計により都道府県別に畜産のシェアの推移をみてみる。

### 【畜産計の上位五県のシェア】

畜産全体でみると、上位五県のシェアは、昭和三九年の二六・二%から平成二七年には四五・二%と半世紀に半分弱を占め偏在化が著しく進んだことが分かる。都道府県別の内訳は、平成二七年に第一位であった北海道が同期間には八・二%から二〇・六%、第二位鹿児島が二・七%から九・〇%、第三位の宮崎が一・三%から六・六%、第四位の岩手が二・二%から四・七%、第五位の千葉が四・三%から四・四%である。この結果、北海道と南九州（宮崎・鹿児島）のシェアは三六・二%と全国の三分の一を占める結果となった。

**【同期間における畜種別上位五県のシェアの推移】**

畜種別に上位五県のシェアをみると、この半世紀で肉用牛では二八・〇%から四九・一%、乳用牛では三六・九%から六五・〇%、豚では三三・八%から四〇・九%、鶏では二三・八%から三七・七%となっている。肉用牛と乳用牛という大型動物でのシェアが過半を占めており、地域偏在が著しい。中でも、乳用牛では北海道だけで五〇・二%を占めていることが特徴的である。これに対して豚、鶏といった小動物では、上位五県のシェアが大動物に比べると低く、地域偏在の程度は少ないと言える。

**【北海道と南九州の畜種別占有率（平成二七年）】**

北海道と南九州がわが国の畜産基地と言われているが、その占有率を見てみると、畜産計で三六・二%、肉用牛で三九・九%、乳用牛で五二・七%、豚二六・四%、鶏で二三・二%、鶏卵一一・六%であった。大動物は北海道と南九州が占め、豚と鶏では比較的全国に分布している結果となっている。

このようにわが国の畜産の立地は地域的な偏在を特徴としているが、このことをどのように理解すれば良いか考えてみたい。

## 畜産と土地利用型農業の融合の必要性

今日の日本農業の直面する最大の課題として、議論の対象にされるのが土地利用型農業の改善とされている。つまり後継者確保難とともに、規模拡大がなかなか進まない水田農業の規模拡大である。戦後の農政のなかでは稲作経営が圧倒的に数的に多かったこと、主食の安定供給という観点から農政の中心は稲作であった。これに対して、施設園芸や畜産は、それなりに規模も大きくなり、産地化も進んできたことから、大きな改革は必要がないとの認識が少なからずあった。

しかし、本当にそうであろうか。平成二七年の産出額を見ると、畜産計は三兆一、一七九億円、米の一兆四、九九四億円を一兆六千億円余り上回っている。その割合は畜産計が三五・四％、米が一七・〇％と圧倒的に多い。畜産物が米の産出額を上回ったのは昭和五五年に一度あったが、本格的にトップの座を交代したのは平成一一年であった。その後、米は年々減少しているのに対して、畜産物はほぼ増加か維持をしている。因みに、米と野菜が逆転したのは平成一六年であった。また、平成一一年という年は基本法農政最後の年でもあり、米がトップの座を譲った象徴的な年でもあった。

このように、日本農業のなかでの畜産の位置づけが変わってきていることを考慮すると、そろそろ畜産に注目することが必要ではないだろうか。それは、①海外飼料に依存している変則的な日本的畜産構造からの脱却に加え、②畜産との連携で水田農業再建の鍵があるいうことで、畜産の改革が日本農業の改革につながると思うからである。言うなれば畜産の改革が水田農業の改革につながり、ひいては日本農業の再建につながるというシナリオが描けるからである。また、その条件も醸成されつつあるように思う。

## 畜産クラスターと畜産経営

平成二七年三月に策定した「酪肉近」はこれから一〇年の畜産経営に対する基本方針をまとめたものである。前回の「酪肉近」では、畜産・酪農所得補償制度の導入に向けて検討を行うことを謳っているが、これは、「家族経営をはじめ意欲あるすべての生産者が将来にわたって経営を継続し、その発展取り組むことができる環境を整備するとの観点から」と謳っているように、できるだけ多くの畜産経営を維持したいとの狙いがあった。

一方、今回の基本方針では、サブタイトルが物語っているように地域ぐるみで競争力のある強い畜産経営を目指していることが伺える。「人」(担い手・労働力の確保)、「牛」(飼養頭数の確保)、「飼料」(飼料費の低減、安定供給)の対策に着目し、地域の関係者で構成する畜産クラスターを柱として、地域全体での収益性向上と生産基盤の強化を図るとしている。しかも、まえがきでは「生産基盤を強化するための取組を直ちに開始しなければならない。」とこの種の文書としては異例の表現で早急に取り組む必要性を訴えている。

ここで、畜産分野ではあまり聞き慣れない「畜産クラスター」について考えてみよう。

そもそも、「クラスター」とはぶどうの房を意味する言葉で、「産業クラスター」という概念は、ハーバード大学のマイケル・E・ポーター教授により経済的繁栄にはミクロ経済的な競争力が重要ということから提唱されたものであり、国際競争力を強化するためのものであった。その概念は、「ある特定の分野に属し、相互に関連しあう企業、供給業者、サービスプロバイダー、関連機関から成る、地理的に近接した集団のことである」としており、競争力強化につながる三つのことを説明している。第一は、クラスターがあることによって、その構成要素である企業や産業の生産性が向上する。第二は、クラスターの存在によって、イノベーションと生産性の向上に必要な能力が増大する。第三は、新たなビジネスの形成を促し、実現させるということである。

わが国では、二〇〇一年に経済産業省が「産業クラスター計画」をスタートさせ、北海道や九州などで取り組んできた実績がある。畜産政策分野では平成二六年度に突如といってもいいくらいの登場であった。中心的な畜産経営者を核として関係者が協議会を設置し、地域が一体となって畜産経営の収益性向上と生産基盤の強化を支援する政策である。

畜産クラスター構想は、これまで地域との関係が弱かった畜産経営者と地域とが密接に連携し合い新たな業態や価値を生み出す政策ということができ、効果的な取り組みであると考える。特に、これから飼料対策として、稲作農家との連携による飼料稲やエサ米の利用の推進を図る上では畜産農家と稲作農家の双方に有益であることが考えられ、事実、稲作農家のなかには本格的に飼料稲、エサ米に取り組み始めている経営者が出始めてきた。稲作農家にとって生産物の販売先と価格が予め決まっていることは規模拡大に繋げやすいからである。

さて、今回の「酪肉近」では、これからの経営像について「第三　近代的な酪農経営及び肉用牛経営の基本的指標」では、酪農経営で六類型、肉用牛生産では繁殖経営で三類型、肥育経営（繁殖・肥育一貫を含む）で三類型を設定している。競争力の高い畜産経営のモデルとして例示している。それぞれ、家族経営から法人大規模経営まで多様であり、収益性など経営の目標として地域では一つの目安となる。

今回の「酪肉近」では、筆者が提唱している三つの経営要素についてはそれぞれ触れてはあるが、それらのことを踏まえたこれからの畜産経営のあり方については、更に踏み込んだものを期待したい。「畜産クラスター計画」のなかで、地域経済にもたらす畜産経営の波及効果などを目標とする「畜産を核とした地域農業・経済の振興計画」を構築することで、より効果的な畜産クラスターが実現するものと期待したい。特に、農地政策だけで進められている水田農業の改革を畜産を柱とした両者の融合による地域農業の構造の改革に期待したい。

そして永続性があり、三つの経営要素を備えたこれからの畜産経営を実現するには、なによりも立地偏在の畜産構造から可能な限り全国的に分布し、地域の農地と融合した畜産経営の構築が期待される。

（よしむら・ひでずみ　日本大学経済学部）

# 酪農・畜産政策の総括と今後の課題

東京大学大学院農学生命科学研究科　教授　鈴木　宣弘

本日はこのような機会をいただきまして、誠にありがとうございます。今日与えられたテーマ「酪農・畜産政策の総括と今後の課題」についての要点をお話させていただきます。ＴＰＰの状況と切り離して語ることはできません。そこでＴＰＰの全体状況も踏まえながら、その中の酪農・畜産に関わる部分を中心にして、今後どうするのかということについて触れることができればと思っております。

ＴＰＰの目下の状況は、アメリカの国民も猛反対して、どの大統領候補も反対だと言わざるを得なくなっています。アメリカだけではなく、他の参加表明国の中でも日本以外は、これはおかしいと、自国の利益を確信していたはずのベトナムでさえ、待ったをかけています。そのように、ＴＰＰはおかしいということが、世界中で明らかになっていると言えます。日本政府だけが、素晴らしいものだから急いで採決するという滑稽な姿を見せている。このままにしていいのかが、今私たちに問われているのです。しかも日本政府は、あからさまな誤魔化しを繰り返し、明らかに嘘だと分かる議論を平気で主張してきているのです。これはＴＰＰの善し悪し以前の問題として、国民をバカにしたような対応を政府がとり続けること自体に、私たちは、もっと声を上げていかなければならないと思います。

日本での採決もどうなるか分からない状況で、野党の議員の中には、採決を伸ばしたからそれでいいという人もいるようですが、それで済まされるような問題ではない。最後まで阻止してこそ、頑張ったということになるのであって、アリバイづくりで終わってしまっては、何にもなりません。私が出席したあるセミナーで、フランスの方が、「日本は最後の詰めが甘い。最後で政府が動くまで、なぜ反対運動を続けないのか。フランスでは徹底的にやっている。例えば、食料を東京に供給する道路を封鎖することまでやるだろう。そのくらいやれば政府は動く。そこまでやるかどうかだ」と言っていました。まさにその通りで、今までいろいろな議論をしてきたけれども、詰めが甘く、ズルズルときて、結局、政府の思うつぼになっている。このことが、私は残念でなりません。まだ、強行採決されるかどうかは分かりませんので、ここが正念場であると思っています。

なぜ強行してＴＰＰを実現しなくてはいけないのか。それをよく考えてみます。自民党の安倍総裁は総裁任期を三年に延ばしましたが、本当は無期限にしたい意向を持っているようです。最終的には東京オリンピックまでは総理を続けたくて、そのためにはアメリカに忠実であり続けなければいけない。オバマ政権を最後まで助けようとしたし、大統領候補のクリントンも、実はオバマ政権での決着を望んでいました。とにかく安倍総理は、アメリカの政権に喜んでもらうことが目的であって、そのためには戦争法案やTPPなどを強行して、自分が生き延びるためには手段を選ばない、と考えざるを得ないほどです。日本は再交渉しないと言っていますが、水面下では実質的に再交渉をしていて、譲れる部分をリストアップして準備をしています。今、日本が譲ることで、アメリカでの批准ができるように議会での賛成票を増やすようにしているわけです。これは駐米公使の発言でも明らかです。

こうして独り批准を急ぐ日本政府は、日本国民や農業、酪農・畜産をどうするつもりなのか。これまで続けられてきたような手続きが、民主国家として成り立つのかを問いたい。このままでは、日本は世界の笑い者になり、歴史の汚点となるでしょう。従って、TPPに反対賛成という問題を超えて、こうした手続きを国民に対してとり続けていることは、民主国家にふさわしい状況ではなくなっている。私たちは、徹底的にこれを追及しなければなりません。

## 日本と海外メディアのTPP情報発信

アトランタに行く前には、日本は決着を目指していました。その切り札は「玉虫色」でした。医薬品の保護期間など最後まで残る案件には、どちらとも取れるような条文を日本がつくって、決まったフリをする。その通りになりました。アメリカは一〇年、二〇年と言って、オーストラリアは五年、結局、何年とでもとれるような表現の条文を日本がつくって、取り敢えずこれで決まったことにしました。

酪農・畜産分野では、アトランタで決まる二ヵ月前、ハワイで決裂した時に、甘利大臣が記者会見で、ニュージーランドが酪農分野で頑張ったせいで決裂したと言いました。確かにニュージーランドの酪農に対する態度も強硬でしたが、海外のメディアのほとんどは、日本が戦犯だと言っていた。日本が自動車で頑張ったせいだと言います。どうして、日本と海外のメディアの書くことがこまで違うのでしょうか。それは、日本政府が、自動車についての交渉の情報を抑え、きちんとした情報を出さなかったからです。自動車で利益が得られないということになったら、国内でのTP P推進の立場が悪くなるからではないでしょうか。それを避けるために情報を操作したとしか思えません。

また、アメリカの大型自動車の二五％という関税がどうなったかについては、日本政府は一切発表しませんでした。従って、メディアにも出ませんでした。私は一〇月中旬にテレビで甘利大臣と話す機会があったので、その場で確認したところ、うまくはぐらかされました。実は、二五％という関税は二九年間据え置きで、その期間中にアメリカの排ガス基準等を日本が受け入れて、アメリカ車に差別的な障壁を設けていなければ、三〇年後に撤廃することにしてあります。こんな不確かで、気の遠くなるような内容になっている。一方で日本だけが農産物について、七年後に関税撤廃の再交渉を義務づけられている。日本にとって、こんな情けないことがおこなわれたわけです。

このように、TPPについて政府は説明したと言っていますが、一部農産物の関税を除いて、ほとんどの部分について、国民は知らされていないのです。実は、農産物の合意は一年以上前、当時のオバマ大統領が東京に来た時にすでに合意されていました。その後TPPによって受ける影響を試算して、国内対策まで決めていました。要するにXデーを待っていただけです。そのような中で交渉を頑張っている、という猿芝居を見せてきた。当初、影響試算と国内対策はセットで発表するつもりだったようですが、農産物合意を発表したとたん、日本中から怒りの声が湧き上がったため、試算を公表する前に金目(国内対策)を出して黙らせろ、ということになったのです。そうして国内対策を先に公表しました。国内対策についての議論の中では、現場の意見を聞いてとされていました。

## このままでは飲用乳も足りなくなる

そこで酪農団体は、大きな影響を受けて離脱する酪農家が増えると、今でさえバターが足りなくなっている上に、このままではさらに飲用乳も足りなくなる。それに対応するために、きちんとセーフティネットを入れるように要望書を出しました。それを事前に見た西川さん（編注・元農水大臣）が激怒して、「こんなできもしないことを要求することも許すな」と、農林水産省の畜産部長に要求を削除させたと言います。要するに、酪農については前から要求のある北海道の生クリーム向けの牛乳に補給金を復活させることを決めてあるから、それ以上の要求は許さないというわけです。

日本の搾乳牛の飼養頭数と一頭当たりの所得の推移を見ると、所得が徐々に減ってきて、飼養頭数も減ってきていることが明確に分かります。これは統計的な解析でも、明らかな関係が出ています。これから考えれば、バターが足りないのは指定団体のせいではなく、むしろ指定団体があるから少なくとも供給が実現できているわけです。にもかかわらず規制緩和すれば、酪農所得が上がるような正反対の議論がおこなわれています。

そして、ＴＰＰ対策としては、要するに何もしないということです。以前は生産コストとの差額を補填する仕組みだったのが、不足払制度が改正されて、単なる固定支払のようになってしまいました。やはり、きちんと生産コストと市場価格の差を補填するような仕組みが必要で、都府県では飲用乳にも同様な仕組みが必要になってくる。しかし、不足払い制度を改正して現行の制度になったのだから、それを戻せという議論は役所の沽券にかけてもできないと言う。酪農について、セーフティネットの差額補填の仕組みを入れることには、そういう拒絶反応が見えます。このような、異常なこだわりは、私には、とても理解できません。

昨年（二〇一五年）一二月、やっと影響試算が出てきました。要するに、そこでは影響がないと言っているのです。価格が下がる物もあるが、所得も生産量も変わらないので、農家にとってはまったく影響はない、と言っている。まず影響を計算して、影響を緩和するためにどれだけの対策が必要かという議論が必要なのに、逆に、「影響がないように対策をとるから影響はない」と言い張っているだけです。いわば国会決議を守ったという見せ掛けのためのものでしかない。また、「除外」というのは、全面的関税撤廃からの除外であって、一％でも関税が残っていればいい、あるいは無関税・低関税の枠をつくったから良いと説明すれば、良いと考えたのでしょう。それでも批判があるようなら「再生産が可能に」という文言を国会決議に紛れ込ませることで、「国内対策とセットで、再生産可能にした」とできる。そうしたことは、最初から決めてあった。極めて稚拙なシナリオだったと言えます。

ＴＰＰ協定の日本語版が出てきたものの、一見しただけでは到底理解できません。従って、その背景の理由について説明を求めても、ＴＰＰの交渉過程は四年間秘密なので説明できないと言い続けて、時間をかけて、強行採決に持っていこうとしている。そうしたことは、最初から決まっていたことです。あまりにも世論がうるさいので、前の国会では、肝心の部分は墨で塗りつぶされた四五頁にも及ぶ説明資料を出しました。あまりに国民をバカにした話です。まさに傲りでしかない。おまけに、「国有企業」が「国内企業」になっていたり、「除く」が「含む」になっていたりといういい加減なものでした。まともな議論をせずに強行採決すればいいんだ、という考えが見えています。

政府がＴＰＰ対策説明のためにおこなった全国キャラバンでも、まともな説明もせず、質問への回答もしません。そのため全国から非常に多くの不満が出ました。それを見ると、説明する人は素人の方がいいという作戦だったらしい。なまじっか知っている人がそういう場に出ると、追及されたら言ってしまうということらしい。その意味で、石原伸晃大臣が最適だと言われているようです。政府の説明について、共同通信が四月（二〇一六年）に四七府県知事にアンケート調査をおこないました。その結果を見ると、どちらとも言えないが多いものの、「政府の説明が十分か」という問いには、十分だという回答はゼロで、「国会決議が守られたか」には、守られたという回答はゼロでした。さらに、「試算が現実的である」とした回答もゼロでした。これが、現在の状況です。

アメリカがいよいよＴＰＰに参加できなくなったという時、駐米公使が「再交渉は、今はできないが水面下でアメリカの要求を飲んで、議会での賛成票が増えるように頑張ります」とインタビューで発言していました。その少し前には、日本政府がアメリカのロビイスト会社に巨額のお金を配って、民主党のＴＰＰ反対派の議員に賛成するように促しているという記事も載りました。「日本は、牛肉や豚肉をこんなに譲っているのだから、賛成しないとアメリカが損します」ということでしょうか。かたや日本国内では、「何も影響ないから、心配しなくてもいい」と言っている。こんなことで、本当に国内の食料は大丈夫なのでしょうか。

結局アメリカで批准できないのなら、TPPを心配する必要はないかと言えば、それも間違いです。レームダック期間に批准される可能性はかなり低いとは思いますが、クリントン大統領になった場合は、現状のTPPに反対する立場から、日本に一層譲歩させてTPPを決めるという形になるでしょうし、トランプ大統領だったら、二国間FTAでいくでしょう。日本は負担が足りないと主張しているので、ますます日本の負担が増える可能性が高い。いずれにしても、盲目的にアメリカの言うことを聞いていく政治を止めない限り、展望は難しい状況だと思います。

## 政府試算によるTPPの影響

政府がおこなったTPPによる影響の試算の中身は、まったくひどいものでした。GDPの上昇がやっと三・二兆円である一方で、本来は全面的関税撤廃よりも後退しているので減るべきですが、一四兆円と四倍以上にGDPを膨れ上がらせたのです。逆に、農産物への影響は二〇分の一以下の影響に圧縮された。こういった数字が、官邸の支持で計算されたわけです。これは、いわば完全なドーピングだと言えます。この場合のドーピング剤は、生産性向上効果で、モデルで計算する時は大変便利なものです。

例えば、TPPで製品の価格が一〇円下がると、みんな頑張るからコストも一〇円下がるということです。そうすると、マイナスの影響は相殺されることになる。そうしてやっと三・二兆円になるのですが、それがどうしたわけか一四兆円にまで膨れ上がっている。例えば、価格が一〇円下がったら、コストが五〇円下がるといったように、適当に操作して、一四兆円になるようにしたのだと思われます。

農水省は、食料・農業を守るTPPを何とか阻止しようと頑張って、当初は四兆円という影響試算を出しました。それが政府部内から影響が大き過ぎるという批判が出て、二〇一三年には三兆円にまで減らしました。それがさらに二〇分の一になってしまった。当然、今頃こんな数字を出せないという議論もあったようですが、結局、幹部はすべて骨抜きにされていた。官邸は反対する声を全部押しつぶす巧妙な策略を講じてきました。役所に対しては人事権を握って、審議官以上の人事は官邸が決めている。「これ以上抵抗を続けると干される。逆に、官邸にしたがって財界とアメリカと同じことを言っておけば、昇進できるかもしれない」と考える人も出てくる。そうしてかなり露骨な人事がおこなわれた。農業、そして農業・食料関連組織、農林水産省そのものにトドメを刺そうとしているのです。まさにこれは「終わりの始まり」です。

さらに、酪農関係の指定団体の廃止に最後まで抵抗していた農水省の担当局長、課長まで異動させられました。ちなみに数年後には、厚生労働省の分割案が出ていて、その折りに農水省を経済産業省に統合させる案も進んでいるようです。経産省はすでに農業分野への対応を始めていて、例えば、六次産業化や再生エネルギー関係の事業が、現場で使いやすいと評価されています。

政府による酪農のＴＰＰによる影響試算では、加工原料乳の価格が一キロ当たり最大七円下がるものの、生産量も所得も変わらないとしています。生クリーム向け生乳への補給金だけで、相殺されるわけがない。畜産クラスター事業の強化でも七円ものコスト低下が保証されているわけでもない。いずれも、何の説明にもならないような根拠が示されているに過ぎない。

さらに、加工原料乳の価格がそれだけ下がるのに、飲用乳価はいっさい下がらないとしており、これも有り得ない話です。北海道の加工原料乳価格が七円下がったら、それと同じだけ飲用乳価が下がらない限り、北海道からの移送が大幅に増える。加工向けから生食への影響はオレンジで経験済みです。オレンジジュースの自由化が生果を非常に圧迫した。そうした関連性をまったく認めていない議論です。

**牛肉関税収入がなくなり国内対策に財源がない**

牛肉・豚肉についても、マル金を八割補塡から九割補塡にするからだいじょうぶだと言います。そこで家族労働費を含むコストを差し引いた残りが、どのくらいかどうかという収益性分析をしてみます。現状でも、例えば和牛の肥育経営の場合、二〇〇頭以上でやっと企業経営としての黒字を示しています。それ以外の階層では通常で計算され、自分の賃金を賄えない経営が、圧倒的に多いわけです。これは乳雄肥育、酪農でも同様です。ＴＰＰの影響を考慮すると、結局、全階層で赤字経営になってしまう。府県の酪農経営では五〇頭以上経営で若干の黒字が出ますが、肉用牛経営ではすべてが赤字に転落する。それを九割補填でどれだけ回復できるかと言うと、和牛では二〇〇頭以上、乳雄肥育ではすべて赤字のままです。畜産の場合、最近ではメガファーム、ギガファームと言われる大変大きな経営が出現していて、平均経営規模が上昇しています。そのような経営の九割補填ですので、小さな階層では依然として赤字のままです。

また九割補填とは言っても、二五％は生産者の負担なので、実質的な政府による負担は六七･五％にしかならないので、実際の経営はもっと悪化する。乳雄経営では、結局、マル金の補填を強化すればだいじょうぶだという議論は、経営分析で収益性から見ると、その通りにはいかないことが分かります。

また、酪農は九割補填すれば北海道で八〇頭以上、府県で五〇頭以上が経営ではプラスになると説明されますが、そもそも酪農にはそうした補填はないので、北海道では全般的に赤字になって、府県への生乳移送が大幅に増えることになります。

もう一つの大きな問題は、財源がないということです。これまで、マル金は、一二〇〇億円以上の牛肉関税収入で賄っていました。その関税収入の一〇〇〇億円近くがなくなりますので、財源がなくなります。補填を増やさなければいけない一方で、その財源がないわけです。財務省は新たな財源を提供することを拒否していますので、農水省予算から絞り出すほかなく、そうすればどこかにしわ寄せがいくことになる。

また、収入保険はマル金のほうがましなので、畜産については適用しない方向のようです。例えば米価で言うと、これから五年間の平均米価が四〇〇〇円になったとしても、その四〇〇〇円を差額補填の基準に使うわけで、それでは誰もコメをつくらない。価格がどんどん下がっていけば、まるで底なし沼です。こんな仕組みを畜産や酪農に導入すると、現状より悪くなる一方です。さらにそのセーフティネットも、青色申告を実施しているなどの要件を満たす農家だけしか入れない。アメリカでは収入保険が主流だと言いますが、例えば四〇〇〇円で販売しても、目標価格一万二〇〇〇円との差額の九割を補填するという制度が一九七三年から継続されていて、主要穀物三品目の輸出補助金だけでも、多い年には一兆円も使っています。

そういう基礎的な支援があった上で収入保険があるわけで、収入保険だけではとうてい無理な話です。こうした間違った見方で考えられた三千数百億円の予算で、十分対応したと思っているなら、現場での影響が明らかになってくる頃には、畜産農家の皆さんは「茹でガエル」になってしまいます。

なお最近、ニュージーランドの元の酪農局で、巨大な乳業メーカーになったフォンテラの日本法人であるフォンテラ・ジャパンが、国内の流通業界、乳業メーカー、北海道の酪農家などをグループ化して、ビジネスを展開しようとしています。TPP後でも、日本の牛乳はコストを下げれば、韓国や中国に飲用乳として売れるようになるとみているようです。

## 米国発表の輸出見込みから分かる日本の政府試算

農水省が二〇一三年におこなった試算と二〇一五年の試算を、私どもの研究室でおこなった二〇一五年の試算を比べて見ると、ずいぶん違います。例えばコメでは、二〇一三年農水省が一万一〇〇億円としたのが、二〇一五年にはゼロになって、私どもの計算では一一九七億円です。生乳では、農水省が二九〇〇億円から一九八～二九一億円に、私どもの計算は九七二億円となりました。そうした違いがあるのですが、注目したいのは、二〇一六年五月一八日に発表されたアメリカの政府機関によるアメリカへの影響試算です。そこでは、GDPが〇・一五％しか増えないとされ、製造業は生産も雇用もマイナスになり、プラスになるのは農産物の輸出だけだという結果です。八〇〇〇億円の農産物輸出が増やせるとし、その半分は日本向けだとしています。対日輸出で乳製品が約六〇〇億円増、牛肉九二三億円、コメが二三％増としています。

アメリカの豚肉業界はTPPで儲かると喜んでいるようですが、豚肉に関しては約二三〇億円と控えめになっています。これは差額関税制度の仕組みが、しばらくは続くと見てのもののようです。いずれにしても、日本政府が生産額の減少が約一七〇〇億円程度だと言っているのに、アメリカの日本向け輸出だけで四〇〇〇億円と見ているのですから、まったく数字が合いません。いかに日本政府の数字がおかしいかと言うことが分かります。

ＴＰＰを推進していく過程でのごまかしについては改めて確認して、そうしたことが繰り返されないように政治のあり方を問わなければいけないと思います。例えば二〇一四年四月のオバマ大統領来日時に、大枠が決まっていたと言われています。一部のメディアが、牛肉関税九％、豚肉五〇円、一〇万トンのコメ輸入枠をスクープしましたが、まったく最終合意と同じでした。つまり、その時にはほとんど数字は固まっていたということで、その後は完全な猿芝居を演じていたわけです。そうした猿芝居に騙されて、不安に思って辞めた農家の方もいるのです。

二〇一一年三月一一日の東日本大震災の二週間後のこと、内閣官房の外務省と経産省からの出向幹部が大喜びをしたと言います大震災で、ＴＰＰについては情報を出して議論をせずに、水面下で進められると言っていたそうです。実は、経産省がＴＰＰの影響を計算しても都合のいい数字がなかなか出てこないにもかかわらず、ＴＰＰを推進していかなければならない。なぜなら農水省では、ＢＳＥ問題で官僚が更迭されたことから、経産省は震災時の原発事故問題で自分たちの身に脅威を感じていたから、それをごまかすためにＴＰＰを使ったというのです。ＴＰＰという国際的な枠組みの中にバラ色の未来を見せて、国民の目をそらせたわけです。また、韓米ＦＴＡはＴＰＰと似たものなので、それを見れば、ＴＰＰがどういうものか分かります。それを三年前に教えてくれたのがアメリカでした。しかし日本国民が、韓米ＦＴＡの内容を知ってしまうと、ＴＰＰに反対される、と韓米ＦＴＡの内容を国民に知られないように、各省庁に箝口令を強いた。

なお、ＴＰＰ協定交渉の中で、最も問題が深刻だと言われていたのがＩＳＤＳ条項です。これは、進出先の政府の不当な規制で損害が発生した時は、国際法廷に訴えて命や環境を守るための規制であっても当該政府に賠償を求められるというルールで、人の命や環境よりも巨大企業の経営陣の利益を増やすためのルールだという批判が大きかったものです。日本政府はこれに対して、濫用防止の条項が入ったのでだいじょうぶとしました。しかし、該当する協定九・一六条文は自己否定の部分が見られ、例外規定になっていない。日本政府はどうして、こうした部分をきちんと詰めないのでしょうか。アメリカ国内の法学者や多くの団体も、国家主権の侵害にあたるので、こうした条項には反対しています。ＥＵとアメリカの自由貿易協定でも、フランスやドイツでは、全土でＩＳＤＳに対する猛烈な抗議運動が起こっています。しかし日本では、議論が盛り上がらない。それはメディアの責任でもあると思います。

## 食に安さを求めることは命を削ること

ＴＰＰで牛丼や豚丼が安くなると言いますが、エストロゲンという女性ホルモンが六〇〇倍も入っているようなアメリカやオーストラリアの牛肉を食べ続ければどうなるか。ＢＭＪというＥＵの学会誌に、ＥＵがアメリカからの牛肉輸入を禁止してから七年間に、多い国では四五％も乳がんでの死亡率が減っていると報告されています。この死亡率とアメリカ産の牛肉輸入とを直接結びつけることには、議論があるかもしれませんが、そういうデータもあるのです。

日本国内では認可されていない成長ホルモンも輸入では素通りですが、ＥＵでは国内での使用禁止で、かつ輸入も禁止しています。オーストラリアでは、輸出先に合わせて使用しているので、ＥＵ向けには成長ホルモンを使用しませんが、日本向けには使用しているようです。また、ラクトパミンという牛や豚の餌に混ぜる成長促進剤にも、問題があります。これには発がん性だけではなく、直接ヒトに中毒症状を起こさせるとして、ＥＵ、中国、ロシアで使用と輸入を禁止しています。日本は国内での使用は禁止ですが、輸入は素通りになっている。牛肉・豚肉の自給率が五割を切っている中で安いからといって、輸入肉を食べ続けていたらどうなるのか。気がついたら、乳がん、前立腺がんの発生率がどんどん上がって、自給率が一割になって、やはり安全な国産が食べたいと言っても、もうつくってくれる人がいなくなります。今それに気付かなければいけないということを、もっと私たちが共有しなければなりません。

一九九四年にモンサントが開発した遺伝子組換え牛成長ホルモンは、注射一本で乳量が三割増えると言われ、まるで「牛を全力疾走させて、乳を搾れるだけ搾ったら殺してしまう」ようだと言われていました。反対運動があったものの認可された数年後には、前立腺がん発生率が四倍、乳がんが七倍になるというデータが出てきたことから、今やアメリカでは、製品にそれを使用していないことをわざわざアピールするようになってきています。一方、日本ではそのホルモンの使用は認可されていないものの、輸入される乳製品は自由です。アメリカはＴＰＰによって六〇〇億円もの輸出増を見込んでいるだけに、そういった乳製品が当然入ってくることになります。

私は、三五年前からこうした成長ホルモンについて調べています。アメリカのモンサントと認可官庁、そして実験をしたコーネル大学の研究者にインタビューもしました。三者ともその安全に関してまったく同じ回答でした。もっとも認可官庁の長官がモンサント社の元社長だったり、その逆の場合もあり、ＴＰＰの農産物関係の筆頭交渉官はモンサント社の人ですので、それも当然です。大学もモンサント社から巨額の研究資金の提供を受けている。

## 段階的に、食品の安全基準が崩れていく

ＢＳＥは二四ヵ月齢の牛からも発生したことから、もともと二〇ヵ月齢以下の牛の輸入を認めていました。しかし、アメリカからＴＰＰに参加したいなら規制を緩めるように言われ、三〇ヵ月齢に規制を緩めてしまいました。しかもアメリカは、ＢＳＥに関しては清浄国とされていますが、検査率は一％未満なので、要するに調べていないだけです。危険部位が除去されるようなと畜もおこなわれていません。これがアメリカの現状です。日本の食品安全委員会が科学的根拠に基づいて決めたとは言っていますが、アメリカへのお土産だったのは明らかです。今回のＴＰＰでは、食品の

安全基準が影響を受けることはないと言いますが、すでに影響を受けているわけです。さらに三〇ヵ月齢という規制も撤廃しようとしています。

TPPの条文には日本の食品安全基準に影響するような部分はないと言っていますが、実はそうではありません。決定的に問題なのは七、九条二項です。二〇一一年のアメリカ議会公聴会でのマランティス次席通商代表は、日本がSPS国際基準よりも厳しい基準を勝手な根拠に基づいて採用しているので、科学的根拠がなければ、それを止めさせるのがTPPだと言っていて、それがこの条項そのものなのです。アメリカの「科学主義」では、人が何人死のうが因果関係が特定されるまでは食べ続けるのです。そうした考え方がすべてに要求される。アメリカが日本の遺伝子組換え食品に関する表示で最も問題視しているのは、義務表示でなくて任意表示であることです。国際的に「安全」とされている食品に、例えば「この豆腐に使用している大豆は遺伝子組換えでない」という表示をするのは、消費者を騙すことであると言うのです。遺伝子組換えでない大豆が安全である、という根拠を「科学的」に示すのは簡単ではありません。それを盾に、アメリカは様々な要求をしてきます。

TPPで食品の安全基準が崩されてくるには段階があります。一つ目は、先ほど言ったBSE対策としての輸入規制を、二〇ヵ月齢から三〇ヵ月齢まで緩めてしまった、謂わば「入場料」。次に、TPPでの一二ヵ国間の交渉と並行しておこなっていた並行協議において、日本の積み残した部分は別枠の二国間協議でおこなうとしたことで、そこには九項目あり、ポストハーベストの防かび剤の問題があります。防かび剤は、日本では収穫後に使用することは禁止されていますが、例えばアメリカから輸送して来る場合は、同じ薬剤を食品添加物という名目で認められる。ところが、アメリカは食品添加物と分類されれば容器に表示しなければならないので、それが不当な差別になると、改善を求めてきました。結局、日本は二国間の並行協議での改善を約束しました。アメリカは参加国がＴＰＰを発効させるにあたって、その国の国内政策が適合しているかどうかを調べることにしていますが、実質的にもう始まっています。それに応えた一つの形が、ＢＳＥ関係の規制撤廃なのです。こうした形で、ＴＰＰにどんどん突き進んでいるのが現実です。

## 単に安ければ良いということにはならない

遺伝子組換えの問題は、家畜の餌にも大きく関わります。強力な除草剤であるグリホサート系薬剤（ランウドアップ）は、日本でも使用されていますが、日本では畦などの除草に使われているのであって、作物には使われていません。しかし、遺伝子組換えによってそれらの除草剤をかけても枯れないようにした大豆やトウモロコシがアメリカでは作付けられていて、そうした発がん性が指摘されている除草剤が残留した大豆やトウモロコシを大量に食べているのが私たち日本人なのです。

アメリカ穀物協会の幹部が、二〇〇八年に、「大豆とトウモロコシは遺伝子組換えでいいが、とりあえず小麦はしない」と言っていました。「小麦は自分たちがたくさん食べるが、大豆・トウモロコシをいっぱい食べるのは家畜とメキシコ人と日本人だ」と。「日本人こそ、世界で最も遺伝子組換え作物に依存している」とも言っている。そして、「日本人が食べる小麦については遺伝子組換えにする、コメも同じだ」となった。

そうすると、ニューオリンズに世界一の船積み施設を持ち、遺伝子組換えでない穀物を分別して、輸入して、日本国内の畜産農家などに供給している全農グレインが目障りになったわけです。そこで、全農グレインをモンサント社とカーギルは買収しようとしましたが、全農グレインの親会社の全農が協同組合であるために、買収ができないということが分かった。その結果、日米合同委員会で、農協改革の目玉項目として全農の株式会社を入れるように要請したのです。それに応じたのが、同委員会の正式メンバーだった当時の農水省の経営局長、現事務次官です。

従ってこのままだと、全農は株式会社化を余儀なくされるでしょう。株式会社になっても、農家の持ち株にしておけばだいじょうぶだという意見もありますが、そうした壁も必ず突破される。オーストラリアの小麦輸出ボードで同じようなことがおこなわれているのです。

消費者にきちんと理解して欲しいのは、輸入畜産物には成長ホルモン（エストロゲン）、成長促進剤（ラクトパミン）、遺伝子組換え、除草剤（グリホサート剤）、ポストハーベストの農薬（イマザリル）など、リスクが多くあるということです。単に安ければ良いということにはならないのです。健康リスクを考えれば、安い外国産のほうが、総合的には国産食品より高いことを認識すべきです。こういうことについての国民的な理解と情報共有をもっと深めなければいけないのではないかと思っています。食品の安全性の問題では、データが確定したものでないとメディアでは使えないということがあって、なかなか取り上げにくいところもあるとは思いますが、そうしている間にも現実は進んでいってしまう。

アメリカは基本的に、表示によって差別されないということを重視しています。従って、原産地表示や地理的表示の緩和を主張していきます。そのアメリカでも、食肉には原産地表示を義務づけてきました。ところが、メキシコやカナダからＷＴＯに訴えられて、アメリカは敗訴してしまいます。ＴＰＰ以前の問題として、現行の国際ルールにおいては原産地表示ができないことになっているということに注意すべきです。

### 欧米に見る農業所得に占める補助金の割合

日本の農畜産業が過保護だから競争させれば強くなって輸出産業になる、という議論はそもそもの前提が間違っています。多くのメディアが伝える情報は、日本農業は過保護であるという側面だけですが、まったくそんなことはないのです。農業所得に占める補助金の割合を見ると、日本では二〇〇六年には一五・六％で、二〇一四年でも三八・六％です。一方、諸外国の状況を見ると、アメリカが日本とほぼ同じで、スイスは一〇〇%、フランス九五%、イギリス九〇%であり、ヨーロッパ諸国は日本より高い水準です。アメリカは、所得に占める補助金の割合は日本と同じくらいですが、生産額に占める農業予算の割合を見ると、七五%になっている。こういうことから見ても、日本の農業が、過保護であるという議論は相対的には成り立たないことが分ります。

さらに、農業所得に占める補助金の割合をフランスの場合で詳しく見ると、酪農で七六・四%、肉牛では一八〇%です。一〇〇%を超えているということは、補助金で経費まで賄わなければならないほどの赤字だということです。産業としてどうなのかと言われるかもしれませんが、命を守り、環境を守り、国境を守っている産業をみんなで支えるのは当たり前だという感覚なのです。特に酪農・畜産については、必要な量が必要な時に供給されなければ、人間が生きていけない、電気やガスと同様に公共事業だと考え、国が責任を持って対応しています。

アメリカにおいてもそうした考えが強く、加工原料乳価を全国一律で、乳業メーカーに支払乳価を設定し、さらに飲用乳価は地域によって上乗せ価格を決めています。最低限の価格を政府が決めているわけです。二〇一八年に飼料価格が暴騰したため、価格だけを決めても、コストが上がった時に対応できないことから、二〇一四年農業法では、所得部分を直接補償することを考えました。乳価と餌代の差額に基準を設けて、その水準になったら差額を政府が補填するという最低限の所得を補償する仕組みをつくりました。最低限の乳価を決めておいて、それでも足りない時は所得を補償するという政策をとっているのです。それと比べて、日本での議論がいかに貧弱か分かると思います。

カナダの例を見ると、アメリカやEUと同様に、乳製品の価格が下がったら、政府が全部無制限に買い上げます。その支持価格（買上価格）は、酪農家の生産コストに見合うものとし、配乳権と価格決定権を持つ指定団体が用途別の乳価を決定しています。これは、政府が国民にきちんと乳製品を届けるための仕組みです。日本では、こうしたことに逆行した議論がおこなわれているわけです。

そのようなシステムを持たない日本がTPPを受け入れれば、大変なことになります。現在、カナダのバンクーバー近郊のスーパーでは、全乳一リットル紙パックが三ドル（約三〇〇円）で売られています。日本よりかなり高いですが、それでもアメリカ産のホルモンが使用された牛乳は飲みたくないというカナダ国民は多いようです。これによって、生産者もスーパーも乳業メーカーも十分なマージンを得られ、消費者も喜んでいる。日本のように、スーパーが買い叩くというシステムにはなっていないので、持続できるシステムでしょう。

しかし、このシステムを維持するには、輸入を制限しなくてはなりません。TPPにおいても、カナダはわずかな枠の拡大は認めたものの、酪農について断固たる対応を押し通しました。日本のように、チーズ関税をすべて撤廃するようなことはしませんでした。なお、TPPによって、日本政府は国産チーズの振興を撤回し、生クリームへの補給金で辻褄を合わせようとしますが、酪農家もメーカーもそうした対応に振り回されただけでした。

## 今後に生産量の維持ができない危険性を抱えて

畜産だけでなくコメも含めて、このままの政策体系ではＴＰＰの影響がなくても、現場は深刻です。例えば、二〇三〇年の生産の状況を農家階層の移動から試算してみると、二〇一五年を一〇〇としてコメが八七・七一で、六七〇万トンになります。一方、消費も二〇三〇年には七五・二三になって、六〇〇万トンになり、まだ七〇万トンも余ります。そこで、飼料用米による畜産振興が議論されているのですが、その需要先である畜産も、酪農は六五・九九ですが、牛肉は五六・五五に、豚肉は四〇・〇四にまで生産が減少していくことが考えられます。現在の政策体系では、例えＴＰＰがなくても、現場が維持していけないということです。

規模階層間の農家移動を詳しく見ると、例えば五〇～九九頭の階層で、五年後に同じ階層に残るのは七割弱で、その一三％が規模を縮小し、八％だけが一〇〇頭以上層に拡大していきます。かなり大きなメガファームはある程度出現していますが、規模を縮小するか撤退するところのほうがもっと多いので、全体の生産量が維持できなくなる危険性があります。これは非常に深刻な問題で、これを止めるだけの政策がない限り、展望が望めません。そういう状況の中、牛肉・豚肉・乳製品を真っ先に開放したわけです。しかも、まともな対策さえおこなわれていないのが現状です。

さらに心配なのは、ごく一部の巨大経営が生き残っても他の大部分の経営がなくなってしまえば、コミュニティが維持できなくなるということです。そうして自分が住めなくなるという状況が、いろいろな地域で起こっています。それでも良いというのが、今の政権の考えです。今まで頑張ってきた農家は潰れるでしょうが、例えば、農外企業からの参入もあるので、そういう人にやってもらう。しかも、日本全体の一％しかない条件の良い所だけでやればいい。それで儲かれば、農業の所得倍増になる。そんなことが声高に言われているのです。それでは残りの九九％の土地はどうするのか。そんな所には人が住む必要はないと言います。中山間地域で税金を使って農業を続けることを非効率と考えている人は、食料による安全保障についてどう考えているのでしょうか。武器による安全保障については盛んに主張するものの、食料については全く考えていない。ごく一部の儲かる人だけが農業をやっても、自給率を高めることはできないという感覚が、まったく欠けている。

日本の農産物は高いと思われているようですが、実は世界で一番買い叩かれているのです。食料産業の規模は、この二〇年で四八兆円から七四兆円にと二倍近くに拡大していますが、農家の取り分は三割から一割にまで減ってきています。農業所得を時給に換算すると、コメで四八〇円、果物や野菜でも五〇〇～六〇〇円程度、比較的高かった畜産や酪農でも一〇〇〇円を切っています。このように最低賃金を下回るような時給で頑張ってくださいと言われても、無理な話です。

そんな状況の中、独禁法の厳格適用などによって農協や指定団体の力を弱め、農家に対等な競争条件を与えるという、間違った議論がされているのです。今でも買い叩かれているのに、さらに拍車をかけるようなことがおこなわれようとしている。むしろ、スーパーによる不当廉売と優越的地位の濫用を独禁法で議論すべきでしょう。

## 農産物価格のしわ寄せは川上にくる

スーパー、メーカー、酪農協の飲用乳の取引交渉力について分析してみると、スーパー対メーカーはほぼ一〇：〇で、メーカーはスーパーの言いなりで、メーカー対酪農協は、よくて五分五分、悪くて九：一くらいでメーカーです。結局、しわ寄せは川上にきてしまうのが、日本の食品流通の特徴です。二〇〇八年の飼料高騰時には、エサが一キログラム当たり二〇円～三〇円も上がって大変でしたが、農家が価格を上げてくれと言っても、スーパーは牛乳は安売り商品だから上げられないと言うので、メーカーも値上げできず、多くの酪農家が倒産しました。世界中で飼料が高騰したのですが、そうした経営危機は日本が最も深刻でした。他の国々では、三か月程度で小売価格が上がり、国民全体で大事な基礎食料を支えるシステムが機能したわけです。それができなかったのが日本だということを、きちんと考える必要があると思います。安く買えればいいと言っていると、そのうち食べる物がなくなるということに、今気付いてほしいのです。

例えば、スイスの国産の卵は一個八〇円で、輸入卵の五倍の価格です。それでも売れているのは、その価格で買うことで生産者の生活が成り立ち、そのお陰で、消費者の生活も成り立つのだから、当たり前という考えが浸透しているからです。そうしたシステムが支えているものの、スイス農業の農業所得の一〇〇%が補助金だということは、依然としてコストが高く、十分に支えきれてはいないということです。

価格で支えきれない部分をどう支えるかについては、イタリアの稲作地帯での議論が説明してくれます。イタリアの稲作地帯では、水田にはオタマジャクシが棲めるという生物多様性、ダムとしての洪水防止機能、水をきれいに濾過してくれる機能などがきちんと価格に反映しているのか、十分に反映していないのなら、皆からお金を集めて対価を払わないと、消費者のただ乗りになるということから、税金を使って支払う体系をつくって、非常にきめ細かい環境支払制度が導入されています。根拠を積み上げ、予算化し、国民の理解をきちんと得ているのです。従って、生産者も誇りを持って生産でき、消費者も納得して支えていけるようになっているのです。

さらに、アメリカでは、農家所得の最低限の補償を、政府がきちんとおこなう体系が仕組まれていて、それを前提に、生産者は経営計画を立てられるのです。日本にもマル金があるじゃないかと言うかもしれませんが、それではまだ不十分ですし、特に酪農には、固定支払で一〇円程度が上乗せされただけで、マル金のようなセーフティネットが全く用意されていません。

ここで紹介したような欧米の政策を視野に入れて、単に食料政策、農業政策ではなく、自分たちの命や国を守るために、皆で支え合っていく安全保障政策だということを認識する必要があります。その上でもう一度、政策体系を組み立て直さなければいけません。システム化され、どういう状況になれば、どのような政策がおこなわれるので、このように計画的に生産してくれという明確な政策については、一部の政治家は批判的です。それは、どういう政策が出るかが予め分かってしまうと、自分たち政治家の出番がないと思っているからのようです。政策を曖昧にしておいて、政治力で緊急措置を獲得したという場面がなければならないということのようです。しかし、それでは持続的な経営はできない。やはり発動基準が明確で、予見可能な政策システムを導入すべきだと思います。

さらに付け加えて置きたいのは、乳業メーカー各社の共同による酪農家への仔牛導入補助の取り組みです。各乳業メーカーが拠出して、仔牛が買えない農家に対し、海外から仔牛導入の補助をするというもので、政府がおこなわないのなら、業界で助け合っていくという意識の現れです。こうした仕組みに呼応して、消費者や政府も取り組みを始めるきっかけになるかもしれません。

また世界の政策は、関税から直接支払、さらにルールをどうするかという段階に移ってきています。こうした動向を理解して、政策を組み立てていかなければいけない。例えば、ドイツでは持続可能性指標をつくって、それに基づいた評点にしたがって、取引などのルールを組み込んでいます。そうすると、国内の良い物が取引の対象になって、例えば、安くても、輸送に多くのエネルギーをかけているような物は、排除されることになります。スイスの生協ミグロが独自の基準によって、環境にやさしい農産物の取引を始め、それを政府が取り入れるようになりました。イギリスでは、カーボン・フィット・プリントという表示を牛乳などでおこなっていますが、これは輸送だけではなく、生産から消費までのあらゆる段階での二酸化炭素の排出を削減しているものを評価していこうという取り組みです。まさに、低投入、地産地消、旬産旬消が大事だということを市場化していることになります。

日本ではまだ、環境の側面での取り組みが弱いことから、ヨーロッパの水準は難しいでしょうが、そうした政策の充実も考えるべきだと思います。

以上で、私の話を終わりにしたいと思います。ありがとうございました。

（すずき　のぶひろ）

〈質　疑〉

――　酪農の指定団体に関する最近の議論を聞いていると、飲用乳と加工乳のように用途別乳価ではなく、全体を一本で乳価を決めるという議論もおこなわれているようです。その点は、どのようにお考えでしょうか。

**鈴木**　アメリカは加工原料乳に上乗せした飲用乳価を決めることで、酪農家の手取りを確保するという仕組みです。カナダでも、非常に細かい分類をした用途別の乳価形成をおこなっています。そうした仕組みをなくすことは、大きな問題になるでしょう。イギリスでは、ミルク・マーケティング・ボードの指定団体の解体につながるような議論がおこなわれ、全国一律で牛乳を集めていた団体が、その権限を実質的に失う形にされ、その後、単一乳価で取引されるようになりました。それぞれの酪農協は、自分たちのシェアを高めようと努力したものの、多国籍乳業と大手スーパーとの連合によって崩され、取引の細分化が進み、気がついた時には、イギリスの乳価はＥＵの最低価格の水準にまで落ちてしまいました。決定的に買い叩かれたというわけです。それでも、ＥＵには最低価格という仕組みがあるからいいのですが、日本にはそういう仕組みさえありません。イギリスで、今も続いているこうした状況に学ぶべきです。

――現在おこなわれているＴＰＰ対策で不十分な部分はどうお考えでしょうか。

**鈴木**　畜産に関しては、曲がりなりにもマル金という形で、生産コストと価格との差を補塡する仕組みがあるものの、九割補塡ではまだまだ不十分です。問題なのが酪農で、そうした仕組みがなく、加工原料乳に固定支払が一キロ一〇円程度上乗せされているだけです。今後の情勢を考えると、それですべてを支えるのはたいへん難しい。従って、酪農についてはアメリカのマージン補償のような形で、例えば乳価と飼料代の差額部分について、最低限のレベルを保証するという仕組みを導入する必要があると思います。

　あるいは、例えばＪ－ｍｉｌｋを立ち上げた時のように、コストの上昇に伴って、一定のルールで取引価格を変動させるというフォーミュラという仕組みも考えられます。コストの変動によって生じる問題点を業界の中で負担し合い、消費者にも、少し協力してもらうという仕組みです。スーパーにも、こうした仕組みについて理解してもらえるようにしていかなければなりません。

――近年、乳がんと前立腺がんの患者が増加していると言われていますが、乳製品の摂取が影響しているのでしょうか。

**鈴木**　アメリカで、牛乳・乳製品と乳がんの関係は、インシュリン様成長因子が関係しているとされ、遺伝子組換えの成長ホルモンを注射された牛からの牛乳・乳製品には、この成長因子の濃度が高くなっています。そうした牛乳を飲み続けると、発がん率が高まることが分かり、人工的にその成長ホルモンを高めていることが問題なのではないかと指摘されているようです。


（二〇一六・一〇・三一）

# 畜産経営の持続的発展の方向

日本大学生物資源科学部動物資源科学科　教授　小林　信一

今日は畜産経営について、どういう方向が持続的発展なのかということを考えてみたいと思います。特に、所得補償制度と農地の畜産的活用を中心にお話ししたいと思います。これまで、私自身は酪農について様々な主張をしてきておりますので、酪農中心になることをお断りしておきます。もちろん、肉牛繁殖経営は大きな問題を抱えていることは承知しておりますので、可能な限り触れていきたいと思います。

わが国の酪農生産は、この二〇年間減少を続けており、八六〇万トンをピークに、現在は七二〇万トンと一〇〇万トン以上減少しています。二〇年ほど前はオーストラリアやニュージーランドより、生乳生産量は日本の方が多かったのです。しかし今では、オーストラリアは二〇〇〇年代に、一〇〇年に一度と言われるほどの大旱魃を三回も経験していて、なかなか一〇〇〇万トンを突破できなかったのですが、最近では一〇〇〇万トンくらいの生産になっているようです。もちろんその背景には、政策的な変化もありました。

ニュージーランドは、今では一七〇〇万トンくらいですが、一キロ当たりコストが二〇～三〇円で乳価は六〇円もしていたことから、肉牛や羊など他の畜産分野が酪農にシフトしてきました。ちなみに、世界で初めて鹿を畜産業としたのがニュージーランドですが、ピーク時には二〇〇万頭が飼養されていたものの、今では一〇〇万頭に減少しています。そのように、ニュージーランドは酪農バブルに湧き、かつては周年放牧が可能で低コストでおこなえる北島に集中していた酪農も、比較的気候が厳しい南島にも大規模な経営を展開するようになってきました。そうした大規模酪農では、濃厚飼料を利用したフィードロットで飼養されるようになりました。

わが国は生産量が減少してきた中で、酪農家の戸数も減少しています。ピーク時の四〇万戸から、今は二万戸弱になっています。注目すべきは、特に生産量のシェアにおける北海道の高まりであり、五割を超えて六割に近づきつつあります。さらに、十勝、根釧、北見地方など道東に集中し、約八割を占めるようになっています。従って、日本の酪農生産の五割近くが道東で生産されるようになってきているのです。このように一ヵ所に生産が集中するという特産地化は、決して好ましいとは思えません。口蹄疫など病気のリスクや糞尿の問題を考慮すると、そうした集中は危険だと考えます。

また最近、酪農をよく知っている政治家がいなくなってしまったと言われるように、政治力が弱くなることも指摘されます。やはり、日本全国に酪農が存在することが望ましいと思います。

もう一つの変化の特徴は、酪農経営の構造自体が脆弱化したということです。それは、薄利多売化に由来し、エサの価格が高騰し、その変動が大きくなり、一方で、スーパーなど量販店のバイイングパワーが非常に強くなっていることからきていると思われます。生産者自体の力が弱くなってきていることもあって、乳価交渉の問題もあります。

こうした脆弱な構造にさらに追い打ちをかけて、現在、規制改革推進会議での議論があります。当然、海外からの輸入圧力もあります。ＴＰＰがどこに落ち着くのか分かりませんが、輸入自由化という流れはこれからも続いていくでしょう。それに、日本の酪農がどう立ち向かえるのかが問われています。

このような酪農の現状に今の酪農政策が、対応できていないのではないかと思われます。こうした問題は、以前から指摘されてきた問題でもあります。

## 乳価は上がったがコスト高に所得が低下

生産量については、少し持ち直していると言われますが、特に、今年の夏の北海道の牧草に被害が出ていることから、酪農生産量は低下しているのではないかと見ています。もっとも現在、受胎している経産牛の価格が一頭八〇万円するなど、高価格になっていることから、酪農経営にプラスになっている面はあるようです。ただし、これは一過的な現象で、こうした環境がいつまでも続くとは思えません。肉用牛経営でも同様ですが、こういったあまりにも高い個体の販売価格は何年か後に、しわ寄せが来ることが危惧されます。

酪農の生産構造の脆弱化を表すものは、まず戸数が減少していることが上げられます。今までは、その戸数の減少を埋め合わせるほどの規模の拡大があり、全体の頭数の減少にある程度歯止めをかけていたのですが、最近の動きを見ると、少し様相が変わってきているようです。三〇〇頭や四〇〇頭といった、いわゆるメガファームの経営はまだ元気ですが、一〇〇頭程度の経営が少し弱まっているのではないかと言われています。

現在、個体の販売価格相場が良くなっていることは先ほど申し上げましたが、それが規模拡大や経営の継続の動きにつながっているかというと、むしろ後継者のいない経営ではこれがやめ時というふうに捉えて、廃業する所が出てきています。従来は、廃業の原因は負債が主なものですが、個体を高く販売して、負債を整理して廃業するというケースが増えているようです。廃業するまでもなく、搾乳から育成あるいは肉用牛経営に転換するというように、ますます地域に中心的な酪農経営がいなくなってきています。

後継者や新規就農者の数も減少しています。北海道にはリース牧場の制度があり、これまで毎年二〇戸程度の新規参入がありましたが、なかなか担い手が出てきていないようです。私の大学にも、酪農家出身ではない学生がこれまで北海道で酪農ヘルパーを経験して、何人かが新規就農していましたが、最近ではまったくいなくなりました。最近の学生で農業関係の職に就く場合は、養豚の法人経営が多くなっているように思います。かつては北海道酪農にはロマンが感じられ、自分で牧場を持つことが憧れでしたが、今ではそうではなくなっているようです。

統計で見ても、規模拡大の動きが止まっていることが見て取れます。東京大学の鈴木宣弘教授の推計でも、一〇〇頭以上層が増えていかないで、頭数が減少していくという状況が示されています。また酪農所得自体が、非常に低いということも原因の一つです。平成二一年の「食料・農業・農村白書」は、七六六円という一時間当たり酪農所得を指摘しています。ちょうどエサの価格が高騰した時です。前年は一五〇〇円でした。飲食店の学生アルバイトでも九二五円ですから、それよりも低い水準でした。それでは、とても家族労働費を確保できません。同じ時期の他産業の労働賃金は、一二〇〇～一三〇〇円でした。

また収益性は、エサ価格の高騰によって、大きく変動し、薄利多売の収益構造が見て取れます。一戸平均の酪農所得は四一九万円です。繁殖牛経営は四〇六円、肥育経営は五〇〇円、特に肥育牛経営は前年の三〇〇〇円から一気に落ち込みました。そうした他の畜産経営から見れば、良いほうだと思われるかもしれません。

## 酪農所得が一九八〇年代から一気に低下する

一戸当たりの酪農所得の推移を時系列で見てみると、いわゆる不足払い制度が発足した直後の昭和四二年から右上がりできたものの、いったん低下傾向になって、つい最近、若干上がりぎみになってきています。また、生乳一キログラム当たりの費用収益の推移を見ると、特に都府県の場合、右上がりできた所得が一九八〇年くらいから一気に低下して、さらに下がって来ている状況になっています。

酪農所得がなぜそうなってきているかと言うと、費用と収益の関係を見ると、所得が上がっている時は、コストの上昇以上に乳価が上がっていました。その後乳価が下がって、粗収益が下がる一方で、コストの下がり方が少ない分、所得が低くなるという状況が続きます。そして、乳価は若干上がったものの、それ以上にコスト高になって所得が低下している状況になっています。そうしてみると、現在の段階は、乳価は少しずつ上がっていますがそれ以上にコストが上がって、結果的に生乳一キログラム当たりの所得が下がってしまっています。こうした傾向は北海道でもまったく同じです。

先ほど、時給七六六円と申し上げましたが、それを酪農所得として、同じ時期の平均的な家族労働費は一三〇〇円程度ですので、七六六円を一三〇〇円で除したものが、所得による家族労働費のカバー率となります。所得は、家族労働費に利潤や地代・資本利子などを加えたものですが、ほとんどは家族労働費です。家族労働費を実現できないということは、企業的な利潤がマイナスを表しますので、損失が出ているということで、所得による家族労働費のカバー率は一〇〇%未満です。平成一八年から二五年の平均を見ると、全国平均で一一一とプラスですが、地域によっては一〇〇を大きく下回っています。従って、生乳一キログラム当たりの所得は低下傾向にあるものの、地域的に格差があることが分かります。特に、東北、北陸、中国では所得が非常に低くなっています。

## 今の経営はリスキーな経営構造になっている

先ほど日本の酪農が、薄利多売の収益構造になっていると申し上げました。一戸当たりの所得を見ると、平成一四年度の一頭当たりの粗収益は六六・七万円で、一頭当たりの家族労働費を除いたコストは四四・九万円です。従って、一頭当たり二一・七万円の所得があったことになり、当時の北海道では平均規模が五八・五頭でしたので、約一二七〇万円の所得があったことになります。それが、エサが高騰した時期には粗収益は六四・三万円に減少し、一方、コストは五三・三万円に上昇し、結果的に一頭当たり所得は一一万円と半分になりました。規模は六頭程度の増加があって若干拡大したものの、所得は七〇八万円に減少しています。つまり、規模は大きくなっているものの、収益は小さくなっていて、薄利多売になっているわけです。

このように、収益構造を歴史的に見てみると、かつては、規模は小さいが分厚い収益構造であったものが、徐々に薄利多売になってきたことが分かります。

一戸当たりの所得を増大させて家族が生活できるようにすることが、家族経営の一つの目標です。所得を増やすには一頭当たりの売上を増やす、あるいは生乳一キログラム当たりの売上を増やすこと、コストを下げること、そして規模拡大という三つの方法が考えられます。しかし、これらの方法のうち、売上を多くすることは基本的に乳価や牛の販売価格に依存するので、個々の酪農家だけの努力でどうにかなるものではなく、せいぜい高品質生産によって若干のプレミアムを付けられるかどうかです。コストの部分についても、その大部分を占めるエサの価格は、酪農家にとっては与件でしかないのです。もっとも、一頭当たりの乳量を増やすことは考えられます。かつては、北海道で三〇〇〇キログラム程度でしたが、今では八〇〇〇キログラム近くにまでなっています。頭数増や一頭当たり乳量増も、出荷乳量を増加するという意味で、どちらも規模拡大になります。個々の農家が比較的取り組みやすいのが、規模拡大ということになります。そうして規模拡大しても、収益構造は薄利多売になっているのが現実です。

そのような収益構造は、経営的に、非常に脆弱だと言えます。例えば、乳価が下がったり、あるいはエサの価格が上がると、赤字になりやすく、規模が大きいために、赤字幅も、規模が大きいだけ大きくなっていきます。そのように、今の酪農は非常にリスキーな経営構造になっているのです。そうした構造は、より北海道で強く出ています。北海道は内地に比べ規模が大きく、それだけコストも低くなるので、特に道東地域の草地型経営は今後の日本の酪農を担っていくと見られています。しかし、その地域の経営構造がまさに薄利多売型となっています。そうした情勢の中、今後の酪農を担っていけるかどうかは、疑問が出てきます。

肉用牛については、現在、黒毛子の価格が約九〇万円になっています。それにつられて乳雄や交雑種の価格も高くなっていて、いわゆるマル金や子牛基金による補填がほとんどないような状況です。肥育について見ても、中央卸売市場の価格も高い水準で推移しています。例えば、A4で二六〇〇円と、一頭当たり一〇〇万円以上になるほどです。

しかし一方では、高い仔牛を買わなければならないわけで、それを肥育して二年後に売る時にも同じように高く売れるかと言うと、そうは考えられません。それでも高い仔牛を購入するしかないのが実情でしょう。肥育一貫経営によって、リスクをコントロールしていくしかないと思われます。将来、今のように高くは売れないことが分かっていながらも、仔牛を購入できるのは、今高く売れて、購入資金が確保できるからで、二年後は不透明です。二年後に、この肥育経営がどんな状況になっているかを想像すると、極めて悲観的になります。

### 霜降りによる差別化だけで続ける時代でない

肉牛頭数の推移を見ると、ほぼ横這いを維持していた黒毛和牛も含めて減少を続けています。乳用去勢は輸入牛肉との競合によって、大きく減少してきています。全国の酪農家に対する調査によると、半分くらいの酪農家が雌雄の産み分け技術を使っており、最近、乳用牛の雄が減ってきています。一九九一年の牛肉自由化時に、当時の肉用牛経営は乳用種肉牛経営から和牛経営に移りましたが、次第に交雑種経営に移っていきました。そうして、肉用種自体が減少して、そのことが仔牛価格の高騰を招いているとも言われています。日本の牛肉の自給率は約四〇％で変わりませんが、牛肉の供給量自体は少しずつ減少してきています。

国は一兆円を目指して、農産物の輸出促進を一生懸命言っていますが、ほとんどが加工食品と水産物で、例えば肉牛の目標は一〇〇億円でしかない。統一ブランドとして、日本の和牛を世界に売り出そうとしていますが、苦戦が伝えられており、すでにアメリカやオーストラリアの和牛が世界標準になってしまっています。そうした「輸入和牛」は、かつての輸入牛肉とは大きく異なる高品質な牛肉で、国産牛肉と競合するようになっているのです。霜降りによる差別化だけで、このまま続けていける時代ではなくなっているのかもしれません。TPPがどうなるか分かりませんが、例えば三五％の関税率を最終的に九％に引き下げた場合、かなり厳しい状況になるでしょう。セーフガードも、実質的にないと思ったほうがいいでしょう。例えTPPがなくても、そうした傾向は続いていくと見ています。

繁殖経営で、一頭当たりの所得は三万円から二五万円という幅があるものの、赤字が出ている肥育経営に比べれば、まだましだと見られます。もっとも頭数が少ないので、二〇〇頭以上でも、収益も低い時は四〇万円にしかなりません。さらに、繁殖経営の多くは高齢農家による小規模飼育ですから、今後も収益は減っていくと考えざるをえません。それをカバーするべき中堅層から大規模経営層が、どう展望できるかが問題です。平成二八年度には、飼養頭数が一万頭近く増えていると言いますが、その傾向は、それほど長続きはしないと思われます。

肉用牛の肥育経営と養豚の一貫経営については、いわゆるマル金制度がありますが、その補塡割合が低いという問題があります。家族労働費をカバーするものと言いながら、掛け金の部分を差し引けば六割しか保証されないことになっています。また、基金枠内の補塡ですので、基金そのものがなくなったら支給されなくなり、これまでもそうした例があって、その都度政府は国の資金を導入してきており、今後もそうしたことが可能なのかどうかは不透明です。それができなければ、制度があっても、実質的に役に立たないということになってしまいかねません。これは現在、事業として実施されているものですが、法律ができれば少しは改善されるという期待はあります。

さらに、生産者による掛け金の割合の高さも指摘されています。豚は一：一ですが、肉用牛では四：一になっています。TPP対策によって、そうした格差が縮小されると言われていますが、TPPがなくなったらどうなるのでしょうか。

酪農については、不足払い制度として加工原料乳の生産者補給金制度がありますが、畜産のマル金のような所得補償制度にはなっていません。なお、配合飼料基金制度については、最終的には廃止したほうがいいのではないかと考えています。配合飼料のみが対象になっていて、むしろ自給飼料の生産奨励を妨げてきたと考えられます。また、九〇〇億円の赤字を抱えていること、価格上昇時のみの補填であって、価格の高止まりになったら、補填が停止されることなどの問題点も指摘されます。それに代わるものとして、所得補償的な制度に統一するべきだと考えています。いずれにしても、現行の政策はコメ中心の政策であり、それを抜本的に改めるべきだと考えます。

### 消滅の瀬戸際にある家族経営の酪農家たち

わが国において、不足払い制度が導入されて五〇年が経ちました。そこで、私たち畜産経営経済研究会と酪農乳業史研究会が合同でシンポジウムを開催しました。規制改革推進会議の場では、日本の酪農にとって、まったく意味のない議論がされていますが、それ以前に脆弱な生産構造の下で大きな危機に直面し、特に都府県の家族経営による酪農は消滅の瀬戸際にあります。そうした状況については、私たちは二〇〇八年の時点から訴えてきたわけですが、このタイミングに改めてそうした議論をし、抜本的対策のために智恵を出し合おうと考えたものです。

その際、五〇年前の状況を知ることも大事なことです。当時は、乳業メーカーが酪農家を育てて、メーカー毎に組合がありました。そのうち、一方的に乳価を下げたメーカーと全国の酪農家との間に乳価闘争が起こりました。裁定機関による度重なる調整がおこなわれ、何とか和解がもたらされましたが、そうした混乱を契機にして、不足払い制度の導入が図られました。加工原料乳生産者には再生産ができる乳価を保証し、乳業メーカーには、利潤が保証されるような基準価格を設け、その差を国が負担するという形にしたわけです。小規模で弱い立場にある小規模生産者を守るため、指定団体制度をつくり、一元集荷・多元販売によって生産者の立場を強めることにしたのです。それ以降、乳業メーカーの力は相対的に弱くなり、生産者の自立的な組合が設立されるようになっていきました。

実は規制改革推進会議でおこなわれている議論は、そうした歴史を一切顧みないものです。イギリスでは、かつてミルク・マーケティング・ボードという強固な制度が、サッチャーによる新自由主義のもとで解体され、酪農家の力が非常に弱くなって、スーパーの力が強大化しました。オーストラリアでも、二〇〇〇年に酪農への助成をすべて撤廃しました。それまでは、日本のコメに匹敵するほどの非常に手厚い保護がおこなわれ、州ごとに卸売と小売価格が決められていました。そうした制度をすべてやめる代わりに、酪農家には一〇年間にわたって、総額約一〇〇〇万円の損害賠償支払いがおこなわれました。

しかし、それらの補償がなくなった結果、酪農の主産地域であるビクトリア州では規模拡大が進み、平均三〇〇～四〇〇頭の経営になりました。そこでは家族経営が撤退し、大規模層は農場の数を増やすことで規模拡大を図ってきました。まだ残っていた酪農協同組合も、改革の中で株式公開などで生き残りを図ったものの、結果的にはニュージーランドの酪農組合に吸収されました。

そうして協同組合が弱くなった一方で、スーパーが強くなりました。オーストラリアでは二つのスーパーが約八割のシェアを持っていますが、飲用乳が一リットル八〇から九〇円程度で、ここ四、五年は販売されています。そのように安い価格で飲用乳が売られるようになります。

不足払い制度は、二〇〇〇年に大きく変化し、厳密に言うと、不足払い制度とは言えなくなっています。かつては、生産者が再生産できる乳価を保証していましたが、現在は、二〇〇〇年の生産者補給金は固定され、コストの変動は若干調整されるに止まります。例えば、飼料が一〇円上がっても補給金はその七分の一しか出ません。同じ法律ではあっても、酪農では所得補償的な役割はほぼなくなってしまっています。それまで酪農は、不足払い制度によって所得を順調に伸ばしてきましたが、二〇〇〇年を境にその基盤が大きく揺らいで、それが現実になったのが飼料価格の高騰時だと言えます。

そして、不足払いのもう一つの柱であった指定生乳生産者団体制度がなくなろうとしています。こうした事態に対して、酪農団体は自らの問題として、もっと大きな声を上げて反対すべきです。農林水産省も危機感を持っているとは言えないようです。官邸主導の表れでしょうか。不足払い制度ができた当時の局長は、檜垣徳太郎氏でしたが、彼は、当時の河野農林大臣の反対を押し切ったと言います。それくらいの信念を持って創設された制度であったわけです。

ＴＰＰ対策のうち酪農については、固定支払制度への変更が考えられているようで、新しい枠組みと言われていましたが、現行の制度の若干の手直し程度で、本来の不足払いに戻るということではないようです。特に都府県の酪農にメリットはまったくないように見えます。ＴＰＰに本格的に参加することになれば、国産チーズは壊滅するでしょう。

そうすると、北海道の酪農も液状乳製品だけで継続していけるとは思えませんので、生乳や牛乳の都府県への移送によるいわゆる「南北戦争」が再燃する可能性もあります。もっとも、都府県の酪農がこのまま衰退していけば、そうならざるをえない面もあると思います。

## 酪農家の支えは乳価ではなく最終的な所得

まず、政策的な支えはどうしても必要だということが言えます。個々の酪農家の努力は当然必要ですが、収益構造からみても、酪農家だけではどうにもならない課題がたくさんあります。そこで、私たちが提案したのは、農地問題と所得補償制度の再構築、そして配合飼料基金の抜本的改革です。

酪農家を支えることを考える場合、大事なのは乳価ではなくて、最終的な所得です。大きく環境が変動する中で、家族労働費部分といった最低部分は、「岩盤」として維持できるような仕組みが求められています。それは、他の畜種でのマル金のような形のものと考えていいでしょう。そうした仕組みが、肉用牛でできて酪農でできないというのが分かりません。アメリカでさえ、二〇一〇年農業法によって所得補償制度が導入され、乳代と飼料代の差額が保証され、所得に見合う収入が得られるようになっています。しかも規模による制限を外したため、大規模層でも対象になります。

そうした直接的な制度に加えて、乳製品を買い支えする制度やミルク・マーケティング・オーダー、あるいは関税割引制度など、周辺制度によって手厚い支援の下、アメリカの酪農が維持されているわけです。翻って考えると、そのように手厚い支援を受けている酪農と、日本の酪農は競争していかなければならないのです。

わが国の耕地は四五四万ヘクタールですが、これは成人が一日に必要とするカロリー一八〇〇キロカロリーを維持するのに必要な面積だと言われていました。しかし、わが国ではそうした農地の減少や耕作放棄地の増加など荒廃化が進んでいます。さらに森林大国ではありながら、山林でも労働力不足により間伐ができなくて荒廃が進んでいます。材木価格が低迷していることから、手をかけるだけの収益がえられないことも、その要因の一つです。

また、農山村では獣害も深刻化してきています。例えば野生のシカが増え過ぎて、国内に三六〇万頭おり、年間四〇万頭を駆除しているのです。鳥獣害対策で一〇〇億円という国の予算が使われています。間伐がきちんとおこなわれないため下草があまり生えないうえ、シカが全部食べてしまい、土がむき出しの状態になってしまいます。そうすると、集中豪雨時に斜面の崩落や山崩れが起きやすくなると言われています。それは、洪水を引き起こし、都市災害にもつながります。こうした農地と山が抱える状況は、まさに喫緊の問題です。

私が、いわゆる日本の大家畜畜産に期待するのは、そうした問題の解決に役立つことです。耕作放棄地での放牧には、ヤギ、ウシ、ブタが使われています。私たちは栃木県馬頭町でＮＰＯ法人をつくり、ウシとブタの同時放牧によって耕地の再生に取り組んでいます。

## 畜産の観点から農地の利用政策を変えていく

また、コメをつくらない農地で飼料を生産しても、家畜がいなければ利用できません。エサをつくる所と、家畜のいる所が離れているのが、今の日本の現状でもあります。そこで、集落営農の中に家畜を位置づけることをもう一回考えてみました。耕畜連携の仕組みをつくって、経営を一体化し、できれば新規参入者を受け入れたいと考えています。飼料用米あるいはホールクロップサイレージの生産が増えていると言われています。しかし、それもこれまでのコメ政策の考え方から脱却できてはいないようです。水田に飼料用米あるいはホールクロップサイレージ用稲をつくると、八万円から一〇万五〇〇〇円が支給されますが、同じ水田でデントコーンをつくっても三万五〇〇〇円にしかなりません。実は、飼料作物にはほとんど補助金はなく、畑作の飼料作物はゼロです。農家の選択を拡げるためにも、飼料作物にもきちんとした支援は必要だと考えます。

また、中山間地域の直接支払いは有効な政策ですが、現在、集落協定自体を締結できないような集落が出てきています。五年後まで農業を維持できるかどうか危うい限界集落が出現してきていて、それは大きな問題です。そうした事態を放置していては、制度の意味がなくなってしまいます。

さらに、中山間地域の直接支払い制度では、水田と畑、放牧地の助成単価が大きく異なっています。例えば、水田が二万円の所で、畑は一万円、放牧地は一〇〇〇円、雑草地になると一〇〇円です。効率的に放牧できるような取り組みに対しても、水田と同じような単価水準で支援していくべきです。

農地の利用政策を畜産の観点からのものに変えていくべきです。日本はもうコメだけではやっていけません。畜産をコメと並ぶ農業の柱に据えて、飼料作物を生産奨励するような政策に転換しなければならないと考えます。最終的にはコメも、ドイツの小麦のように食用米と飼料用米とが連続して利用できるようになればいいと思います。現在、主食用米は一キログラム当たり二〇〇円を切るようにまでなってきていて、エサとの価格差も狭まってきています。そうなれば、価格によって、食用あるいは飼料用と使い分けることができるようになります。

以上、私からの説明を終えますが、農地を畜産的利用することが、農業だけではなく、日本をも救うことになるという気概を持っています。

（こばやし　しんいち）

〈質　疑〉

――持続可能な畜産経営を目指すには、多面的機能の考え方を取り入れるべきだろうと感じました。政策で「補償」が謳われるようになっていますが、何を「償って」いるかと言うと、一つは、関税が取り払われた場合に農家の損失を埋め合わせること、もう一つは、農家が発揮している多面的機能に対するものだろうと考えます。一方、保険の意味の場合は「保証」であり、所得を約束するという意味の場合は「保障」であろうと思います。畜産は本来、多面的機能を持っていることから「補償」であろうと思っていますが、とくに大規模畜産業においては、多面的機能との関係が遮断されています。その意味では、マル金制度は「補償」ではないのではないかと思っています。

**小林**　多面的機能に関わる補償としては、農地に対しての直接支払いが該当すると考えます。それは、例えば民主党政権でおこなわれたような政策です。また酪農の場合、保険的な要素としては、産業として成り立つように生産者も掛け金を拠出して、基金を造成していて、それは「保証」でもあり、所得の足りない部分を補うという意味も持っていますので、「補償」とも言えると思います。

――コメ重視の政策から、畜産を視点を入れた政策に転換すべきという主張は、その通りだと思います。それを国民に納得してもらうには、どのような説明が必要でしょうか。

**小林**　農地を含めた国土の荒廃をどのようにして食い止めるかは、国民的な課題であろうと思います。山林や農地の荒廃は都市の災害の引き金になっているわけです。鳥獣害も、すでに農山村だけの問題ではなくて、シカやイノシシ、クマが町に下りて来ることも増え、都市部でも、具体的に野生鳥獣との緊張関係が出てきています。従って、農山村の荒廃状況を都市の住民に見てもらい、その深刻さを理解してもらうことが大事だと思います。例えば、山に行って都市住民に直接シカの食害の状況を見てもらい、同時に、シカの肉を食べたり、シカ革細工を経験してもらうという取り組みもおこなわれています。そうして、山と都市の繋がりを理解できるような教育を実践する取り組みもあるようです。

――現実の畜産経営のほとんどは飼料畑を持たずに、畜舎の中で購入飼料によって飼養しています。そうした畜産経営が、お仰るような国土保全の原動力になり得るのでしょうか。やはり畜産経営の中にきちんと飼料基盤を置き、山の利用も適切におこなうという姿の下で、それが可能になるのではないでしょうか。

**小林**　その通りだと思います。酪農経営に対する所得補償は、あくまで産業としての酪農を支えるためのセーフティネットであり、農地に対する直接支払いは多面的機能の発揮によって、国土を守ることへの支援です。酪農家が自給飼料生産をおこなうことは自由ですが、そうした経営をおこなうことが国土の保全につながるという意味で、国民が負担をするということです。

――原発事故からの復興途中の福島県飯舘村では、避難指示が解除されてもコメづくりに再び取り組もうとする人があまりいません。そこで和牛の繁殖経営農家が、田に放牧して、農地維持をおこなっています。南相馬市では主食用米を生産しても風評で売れないため、八割程度の面積でデントコーンを栽培し、家畜に給与しています。さらに、その糞尿をバイオガスプラントでエネルギー化する試みもおこなわれています。そこでも、飼料用にコメをつくれば一〇万五〇〇〇円なのに、デントコーンでは三万五000円しか出ないと言っていました。そこでも、畜産に顔を向けた政策が望まれています。

**小林** 福島県の川俣村には、新規就農で入植し、四〇年かけて成功した酪農家がいます。その農場も、たった一度の原発事故で壊滅し、未だ帰還できていません。栃木県では、那須地域は事故の影響が強く出ていますが、原発から一〇〇キロメートル離れた八溝山辺りでは、比較的影響が少ないと言われています。しかし、一時は水田土壌に五〇〇ベクレル程度の汚染がありました。そこでブタとウシの放牧に取り組もうとしたところ、県では放牧を認めていないことから、畜産物の市場への出荷はできませんでした。試料として大学で検査したところ、三ベクレルという値でした。一〇〇ベクレルという基準値に比較すれば、このレベルは問題ないと思われますが、本来は検出されてはいけないものです。

このように、原発事故による汚染は、耕作放棄地での放牧や、無農薬など有機農業に取り組んでいる人たちにとっても、死活問題となっています。

――牛肉の市場では、相変わらず霜降りに価値を求めているようですが、その点で、放牧をどう考えればいいのでしょうか。また、海外での「和牛」生産が、日本の和牛の輸出に与える影響はどうなのかが気になるところです。さらに、同時放牧方式の全国的な拡がりへの展望についてはいかがでしょうか。

**小林**　現在の牛肉の格付け制度自体が霜降り重視のため、それが価格に反映しているわけです。しかし、最近では赤身志向が見られ、あまり脂の多い肉は敬遠されるようになってきています。消費者の嗜好が変わり、それに応じて格付けを変えていくことも将来的な政策として考えられるかもしれません。赤牛や日本短角牛などの地方品種が、サシ重視の格付けによって急速に減少してきていましたが、一方で、そうした品種を支える直販ルートも存在しています。特に動物福祉が日本でも大きな問題になるとすれば、サシの入った牛肉生産は問題視される可能性があります。

なお、耕作放棄地での放牧では、まだ肥育牛を放牧する段階ではないと思います。繁殖経営の中での放牧が中心でしょう。集落営農でも耕境内で放牧して、仔牛をとって、集落内の畜舎で肥育するという形態が一般的です。同時放牧がどこまで普及するかどうかは、まだわかりません。

特にブタの放牧可能性については、各地で検証されているところです。イギリスでは、動物福祉の観点から、子ブタが一定の年齢になるまで母ブタと一緒に放牧することが一般的になっているようです。最初にヤギを耕作放棄地に放牧してみたところ、雑草を食べましたが、根の部分が残りました。ブタを放牧したところ、ブタは根の部分も食べます。そこで、乳廃のジャージー種との同時の放牧をしてみることになりました。一定の成果があったことから、この取り組みは続けたいと考えているところです。

（二〇一六・一一・一五）

# 私の畜産経営論

ドリームファーム　代表　佐藤　宏弥

昨年は水害によって茨城県常総市は大きな被害を受けましたが、多くの方々からお見舞や激励のお言葉をいただきました。この場をお借りしまして、お礼を申し上げます。

わが家では、特別変わった仕事をしているわけではなくて、誰にでもできるような仕事ではありますが、その一端を紹介させていただきます。

わが家では、肉用牛の一貫経営を家族四人で営んでおります。水田をフルに活用した、土地利用型畜産を実践しています。経営の立地している常総市は、茨城県の南西部に位置し、都心まで約一時間の距離にあり、平坦な地形に農地が拡がり、稲作が盛んな地域です。私が住む菅生町は、利根川と鬼怒川の合流地にあって、昔は水害の常襲地でした。大八洲開拓農協は、組合員数六五名、二〇戸が畜産を営んでいます。戦後、茨城県にはいくつもの開拓農協が存在していましたが、現在はこの大八洲開拓農協を残すのみになってしまいました。先輩たちが築いたこの開拓農協を引き継いで、発展させていく責務が、我々にはあると感じています。

私はいわゆる「常陸牛」を生産していますが、その定義は、「指定生産者が育てた肉質等級AおよびB4等級以上の黒毛和牛」です。茨城県全体で、平成二七年度の出荷頭数が九五〇〇頭を超えています。わが家では、長男が飼養管理全般と種付けを担当し、その妻が仔牛の哺育・育成、牛舎内での繁殖牛の管理をおこない、私の妻が一般管理を、そして私は粗飼料の作付けや放牧管理などを担当し、必要があれば、それぞれの作業を補うことにしています。

平成一三年に長男が就農しましたが、その年にBSEが発生しました。経営は大きな赤字を出しましたが、息子にはいい試練になったようです。牛舎で、悔しそうな顔をしていた息子の顔は今でも忘れません。そのとき枝肉価格が暴落したことから、一貫経営に早めに切り替える必要性を痛感しました。

平成二七年度現在、繁殖牛八九頭、育成および肥育牛が一五六頭、合計二四五頭の牛を飼養しています。自給飼料は、一番草を仔牛育成用にラップしてヘイレージをつくり、二番草以降は河川敷以外で放牧に利用しています。飼料稲の供給を四戸の農家と契約し、国の交付金を利用しています。稲の収穫後はトラクターで牧草の種子を播いて、ひこばえ放牧から始まり、田植えの直前まで牧草放牧で利用させていただいています。

国からの交付金は資源循環の一部を除き、耕種農家の収入になります。また、稲わらは、当地が遊水池だということもあって、水害に備えて、常に二年分の備蓄をおこなっています。昨年は利根川の増水によって、稲わらがほとんど確保できない状況でしたので、今年は備蓄を取り崩すことになりました。

昭和五〇年に乳雄牛の肥育から始まり、交雑種、そして和牛一貫経営へと移行してきました。平成一三年に、繁殖牛三〇頭にまで拡大しましたが、当時の飼料基盤は二㌶程度であったため、それ以上の増頭はできませんでした。そこで、普及センターの指導によって、稲ホールクロップサイレージ（ＷＣＳ）を導入しました。そうして、土地利用型畜産への足がかりができたのだと思っております。

ＷＣＳは、粗飼料を確保するということだけではなく、水田に多くの堆肥を投入できるという点でも有効です。わが家の堆肥は、牧草畑とＷＣＳ後への散布ですべて処理できますので、循環型農業が動き始めています。耕種農家からも、牛の放牧や堆肥の投入によって、土地が肥えてきたと喜ばれています。また、私のような畜産農家が存在していることで、耕種農家も規模拡大が可能になっているようです。堆肥は、一日当たり二㌶を散布することができます。

ＷＣＳ用には、「たちはやて」という専用品種を作付けしています。堆肥を多く投入しても倒伏することのない、とても強い品種です。牛の飼料として使う場合、籾を多くは必要としないことから、耕種農家には、茎葉型の品種を選んで作付をお願いしています。このようなWCS用の飼料米を利用することによって、繁殖牛を五〇頭まで増やすことができました。飼料稲のためだけに特別な機械を導入することはなく、わが家では、牧草、稲わら、飼料用稲の収穫を同じ機械体系でおこなえるようになっています。家族経営であることから、労力不足は機械で補わざるをえないことから、一通りの機械は揃えています。

## 周年放牧で牛舎の管理作業を軽減する

毎年九月には、稲わらの収穫が最盛期になるので、牛の管理は私の妻や息子の妻に任せて、自分たちは収穫作業に専念します。今年は、ロールでWCSが四〇〇本、稲わら五七〇本、春作のイタリアンライグラスが一二〇本、合計一〇〇〇本を超える収穫をしました。その忙しさを分散する意味で、牛舎での管理作業を軽減するため、農研機構研究員の指導のもと、周年放牧に着手しました。耕作放棄地への放牧も試み、景観がよくなったと、地元の住民からも喜ばれました。

繁殖牛経営では、まだまだ未利用資源の活用が可能ではないかと思っております。繁殖牛の牛舎の収容能力が五〇頭ほどしかないことから、周年放牧を取り入れることによって、増頭も可能になりました。越年放牧や現地でのWCS給与によって、草の無い冬場の放牧を可能にしたのです。水田があれば、牛舎がなくても、牛は飼えるという手応えを感じております。現状の肥育素牛不足を解消するため、連携して仔牛の生産もできるのではないかと考えています。耕作放棄地に牛を入れると、牛がだいぶきれいにしてくれます。

今年は雨が多く、「この雨を何かに利用できないか」と息子がふと口にしました。実は、この多雨が功を奏して、今年のひこばえは例年になく勢いがあります。もっとも、WCSの後にトラクターで播種したイタリアンライグラスは、牛に踏まれて、雨でぬかった土中に埋もれてしまい、あまりできがよくありませんでした。

冬場に草はありませんが、省力化のため、WCSを水田で収穫して、牛舎には運ばずにそのまま圃場に並べ、牛を連れてきて食べさせています。ロールに調製して、牛舎に運んで給与するよりもずっと省力化ができました。電気牧柵や給餌機を利用すれば、無駄なくきれいに食べてくれます。周年放牧をおこなっていますが、圃場には日陰がないので、夏の暑さが続くと、牛が熱中症になってしまうことがあるので、放牧地に、竹とシートでつくった簡単な日除けを設置して、牛が休息できる場所を確保しています。

また、立毛放牧では電気牧柵を利用して、飼料稲を収穫せずに牛に食べさせることができます。ただしこの場合、飼料作とみなされますので、国からの交付金は少なくなります。従って今は、立毛放牧をおこなっていません。

周年放牧では、飼料稲が終わる一〇月から一一月にひこばえ放牧をおこない、一二月から三月には圃場でWCSを食べさせています。このように周年放牧を取り入れたことで、繁殖牛を八〇頭まで増頭することができました。圃場の活用が進むにしたがって、頭数規模が拡大してきました。

## 和牛経営と密接な関係にある水稲作経営

繁殖牛経営を始めた当初、一年一産を目標にしていましたが、平成一六年から一〇年連続でそれを達成することができました。平均産児数は、経産牛七六頭で五・四三となっています。分娩にあたっては、その一か月前に牛舎に引きあげて、分娩後また妊娠を確認した牛を放牧に出します。牛舎内での飼養管理はWCSを主体に、タンパク補給のためにルーサンのヘイキューブを併用しています。牛舎内での繁殖牛の管理は、いろいろ試行した結果、この組合せが最も適切だと感じております。

当初は豚舎だった畜舎を借りて、繁殖牛を飼い始めました。ほとんど手を入れずに使えました。スペースがあればどこでも飼えるのが、繁殖牛の特徴だと思います。しかし、繁殖に限らず肥育においても、ストレスをかけないことが良い結果につながります。放牧から引きあげる時は、放牧を始めた時とは見違えるほどの状態になっています。また、放牧を始めてからは、難産がほとんどなくなり、大きく元気な仔牛ばかりが生まれるようになりました。

放牧開始から終了するまでの牛の体重の推移を見ると、どの季節に放牧を始めても、最初の一か月間は痩せて、二か月目に戻り、その後は増え続けます。わが家では、妊娠を確認した牛を放牧していますが、春から秋までの放牧では、九月に妊娠を確認して放牧を開始しても、一〇月には牧草がなくなるので牛舎に返さざるをえません。そのように一か月間しか放牧できないので、栄養状態が低下して帰って来ることになってしまいます。この点周年放牧では、どの時期に放牧を開始しても七ヵ月間の放牧が可能で、栄養状態が良い形で牛舎に返すことができます。栄養改善のためにも、周年放牧の必要性は高いと思われます。

もちろん年間を通じて、十分な草や飼料を放牧地に準備することが重要なのはいうまでもありません。また、分娩間隔と仔牛の生時体重を見ると、周年放牧を始めてから、分娩間隔が縮まり、生時体重も増えています。平成二五年以降、生時体重が三五キログラムを超えるようになりました。こう考えると、水稲作経営と和牛経営は密接な関係にあると思われます。

繁雑な作業を簡単に観察時間をより多く

牛は生後三日で母子分離をすることで、発情回帰が早まり、分娩房も少なくて済みます。仔牛の管理も親につけるよりも事故が少なく、揃った仔牛になります。分娩後の種付けは子宮の回復を待って、三〇日を過ぎてからにしています。母牛の更新は、育種価によることを基本としていますが、一貫経営であるため、誰よりも早く母牛の能力を把握することができ、それによって、改良のスピードが上がります。私が繁殖経営に携わるうえで、最も興味深いのが改良ですが、今ではすべて息子の仕事になっています。

育種価の高い雌牛から受精卵をつくり、低能力牛やF1を借り腹として、一部の仔牛を生産しています。今年は全体の一割ほどが、受精卵による産仔です。改良の結果、県の種雄牛に過去四頭の牛が候補牛として選抜されました。いつの日かメジャーな牛をつくり上げ、和牛の改良に貢献したいと思っております。平成二八年九月現在、育種価判明牛六五頭のうち、茨城県の脂肪交雑育種価トップ一〇〇に、わが家の一一頭の牛がランクインしています。育種価判明牛が六五頭ということは、わが家のすべての牛の育種価が判明していることになります。

生後三日で、母牛と離して代用乳に切り替えます。二～三日は、母子がお互いを求めて鳴いていますが、直に収まります。糞の状態を見ながら、徐々に代用乳の量を増やし、最も多い時で一日当たり六〇〇グラム、離乳まで約三〇キロの代用乳を使います。一時、いわゆる強化哺育を試みましたが、確かに二～三か月くらいまでの仔牛の発育は良いのですが、最終的な肉の成績ではそう違いはありませんでした。さらに代用乳をたくさん飲ませることで、濃厚飼料のスターターを食べ始めるのが遅くなるため、育成には向いていないのではないかと思われます。六〇～九〇日で離乳し、肥育牛舎の空き具合を見て、随時、牛を移動させています。

粗飼料は哺育時から良質なチモシーを与え、育成段階に入ると、チモシーに加えて自家のイタリアンライグラスのヘイレージ、良質の稲わらというように目先を変えて、いかに食い込ませるかが大事です。ここで、牛の一生が決まるといっても過言ではありません。群編成は、最初の群を最後まで変えることはほとんどなく、肥育仕向けは八ヵ月を目途におこないます。ここまでの経費は、一頭当たり二八万円ほどになっています。多い時でも配合飼料を三キログラに抑え、粗飼料主体に育てます。

肥育からは、ほとんどが息子の仕事です。肉牛肥育用の配合飼料を使い、ビタミンを調整しながら給与しています。肉牛を育てる上で最も難しい段階かもしれません。二〇ヵ月齢で一度削蹄し、その後三〇ヵ月齢を目途に出荷します。出荷先は東京・芝浦と茨城県中央食肉公社です。両市場ともわが家から一時間ほどの距離にありますので、できるだけ直接枝肉を見るように心がけています。

飼養頭数が増えてきたことから、平成二〇年にスーパーL資金を借り入れて、肥育牛一六〇頭規模の使いやすい牛舎を設計して、様々な機械を導入し、一人で一六〇頭の肥育牛を管理できるようになりました。繁雑な作業は簡単に終わらせ、牛を観察する時間をより多くとることが重要だと思っております。

## 良い環境管理こそ美味しい肉の第一条件

こうした仕事の結果として、年々少しずつ成績が向上してきました。出荷頭数とその枝肉の平均重量、そして上物率の推移を見ると、わが家の改良の歴史が見てとれます。中でも上物率が右肩上がりで推移しており、多くの方々の指導のお陰だと思っております。平成二四年から二年間で出荷した一二九頭の枝肉の成績では、上物率一〇〇％を達成しています。もっとも、もう少し五等級を上げる余地はあり、平成二六年と二七年は上物率九五％ほどでした。そうは言っても、一二九頭あるうちで三等級が出ないということはあまりないのではないかと思っております。

一貫経営の場合、牝が半数生まれてきますので、牝は去勢牡と比べて、枝肉は軽い傾向にあります。牝の枝肉五〇〇キログラムは長年の目標でしたが、今年、それを何とか達成できそうです。今年は、去勢牡の枝肉重量五三八キログラムに対して、牝は五一〇キログラムでした。売上金額の差も五万円ほどしかありません。そうなると牝が生まれてもがっかりしなくてもよくなります。

平成二四年におこなわれた第一〇回全国和牛能力共進会（長崎）の九区に二頭を出品しましたが、納得のいく結果ではありませんでした。すでに次回の共進会（宮城）に向け、現在、四頭の候補牛を肥育しております。

私は、牛にストレスをかけないことが、美味しい牛肉をつくる第一条件だと思っております。良い環境で育った牛は、必ず美味しい肉になるはずです。その肉を食べた人がリピーターとなってくれることが、生産者として一番の喜びです。畜産は、天候を含めて環境に大きく影響されます。いかに牛にとってベストな環境にしてあげるかが、我々の仕事ではないかと思っています。牛のストレス解消の一つとして、今年、キャトル・ブラシを設置しました。まさに、「かゆいところに手の届く」管理を目指しております。

地元の精肉店では、わが家のほとんどの牛を市場から買っています。自分の牛がどこで売っているかが分れば、味も確認できますし、営業もできます。私は、生産者が肉を売るのも重要な仕事だと思っています。購買してくれる精肉店が固定していることで、その信頼に応える責任をより強く感じます。これは、牛肉を生産する上で非常に良い環境だと思っております。また、東京・四谷にわが家の牛肉を中心にしたステーキ屋さんがあり、私も時々行って、味の確認とお客さんの反応を見て来ます。

## 他人ができることは必ず自分にもできる

今後は、水田の可能性をさらに追及して、無理な増頭は避け、ゆとりある頭数で事故のない経営内容にしていきたいと思っています。また最近、赤肉を求める消費者が増加傾向にあることから、それに対応すべく、赤牛を導入しました。現在はまだ二頭しかいなく、実験的な試みではありますが、いずれは月に一頭程度の出荷をすることを、目標にしております。今年の九月下旬と一〇月上旬に、二頭の仔牛が生まれました。牝は繁殖牛にし、牡は、初めての試みですが、ある程度は放牧で肥育してみようと考えています。

大きな課題として、牛の白血病があります。当初は五割程度の感染牛がいましたが、現在は二割程度に減少しています。白血病のリスクを意識してからは、外部からの導入は一切おこなっていません。繁殖牛には、自家産の検査済みの牛を仕向けています。

私は、二三歳の時に父を亡くしたので、父とは仕事に関してあまり話をしたことはないのですが、父の「他人ができることは、必ず自分にもできる」という言葉だけは、印象に残っています。その言葉は、以後の私の仕事の原動力になっていると思います。

農場「ドリームファーム」の名前の由来は、「夢を持ち続けることで、モチベーションが上がり、どんな辛い時でも前向きに生きていける」からです。私自身も、これまでを振り返ると、多くの失敗とそこから得た経験を活かして、数え切れないほどの試行錯誤を繰り返し、そうした後に、納得のいく結果が出ていました。

これも、多くの方々のご指導や支えによるものと、感謝しております。まだまだ道半ばですが、これからも夢に向かって、こつこつと少しずつではありますが、前に進んで行こうと思っております。

本日は、どうもありがとうございました。

（さとう　ひろや）

## 〈質　疑〉

――農地中間管理機構を利用されているのでしょうか。利用されていましたら、その評価をお聞かせください。また、赤牛は黒毛牛と比べて、放牧への適用はどうなのでしょうか。

**佐藤**　まず、農地中間管理機構は利用しておりません。また、赤牛を北海道から導入しましたが、それを未経産のうちから放牧しました。それは黒毛牛では有り得ないことです。そうすると、赤牛は見る見るうちに大きくなります。それを見て、牡牛を放牧で肥育してみようと思ったわけです。従って、草でも十分に飼えるのが赤牛だと思います。

――稲作農家との契約は、どのような形態でおこなっているのでしょうか。

**佐藤**　WCSについては、耕種農家と畜産農家の契約が必要なことから、契約を結び、契約農家が作付けして、収穫直前まで管理し、私が収穫して利用します。耕作放棄地の利用にあたっては、いったんきれいにした後、管理者に渡して、その後はわが家で管理します。

――牧草地一〇ヘクタール、飼料稲一〇ヘクタール、稲わら収集四〇ヘクタールで経営されているようですが、稲わら収集は耕種農家の圃場でおこなうのでしょうが、牧草地と飼料稲の圃場は、所有されているのでしょうか。

**佐藤**　飼料稲のほとんどは耕種農家の圃場で生産していて、自作地は三〇アール程度しかありません。牧草地のうち一ヘクタールが自己所有で、残りは河川敷や転作田などの借地をあてています。

牧草地に利用する土地を借りるのは、そう難しくありません。特に畑などは、借地料の必要もない場合もあります。

――年間の販売金額はどのくらいでしょうか。また、経営形態は法人にしているのでしょうか。

**佐藤**　今年は、去勢牛三〇頭、牝二七頭を販売し、売上は八〇〇〇万円を超えます。法人化については、少し前から家族で議論していますが、法人化しない方向に決めました。税務上の煩雑さが主な理由です。

――牛肉の輸出については、その可能性を含めてどうお考えでしょうか。

**佐藤**　私も輸出には興味があって、まだ具体的にはなっておりませんが、香港への輸出を模索しております。ただし、香港に輸出するには、現在使用していると畜場とは違う所でおこなう必要がありますので、その利用申請を終えたところです。最低限の出荷頭数に決まりがあるなど、条件面で不透明な部分もありますので、検討中というところです。

茨城県とベトナムとは姉妹都市関係にありますので、三年前から県産品の輸出に取り組んでいて、現在、常陸牛が二トン程度輸出されているそうです。ベトナムの日本大使館のレセプションでは、常陸牛の試食とＰＲをおこなっていると聞いております。県では、今後も輸出を推進していこうと考えているようです。現地の評価は、赤身に馴染みはあるものの、和牛です。

を食べてみれば、香りが良く、脂の質も他の牛肉とは異なりますので、美味しいという評判

――価格はどうでしょうか。

**佐藤** 現地で常陸牛として販売されている価格は、一〇〇グラムのステーキで日本円に換算して約五〇〇〇円程度です。日本の茨城県内のお店とは少し高いか同じくらの価格で、現地でも販売されているようです。オーストラリアからの輸入肉の三倍くらいになるのではないでしょうか。

――現在は、どういう系統の牛を肥育しているのでしょうか。赤牛を導入されていますが、依然として市場での牛肉の評価はサシが重視されています。それでも赤牛の可能性を感じておられますか。また、開拓農協には、どんな経営が組織されているのでしょうか。

**佐藤** 今は、鳥取の気高系の牛が多くなっています。気高系の牛は、体重が増加しやすいと言われていますが、最近では、但馬系でも増体する牛が出てきていますので、それほど気高系にこだわっているわけではありません。

赤牛については、まだ肥育している途中で、今後どうしていくかまでは考えておりませんが、市場に出しても採算が採れるような飼い方をすればいいのではないかと考えています。二〇ヵ月くらいまで放牧してコストを下げれば、二四～二五か月で出荷して、採算割れを起

こすことはないのではないかと思っています。

また、大八洲開拓農協には、畜産農家は二〇戸ありますが、酪農家が一四戸くらいと、他に肥育農家が何戸かあり、水稲作農家もいます。

――ひこばえ放牧には、まとまった田を利用できているのでしょうか。また頭数規模をみると、もっと放牧地が必要なのではないかとも思えますが、今後、放牧地をさらに拡大していこうと考えていらっしゃいますか。

**佐藤**　ひこばえ放牧で、飼料稲を作付けしてもらっているのは、枚数で一七枚くらいで、三〇アールから大きい所で一・六ヘクタールほどです、六つの牧区に牛を入れています。特にひこばえの生育が良いということもありますが、これ以上面積を増やす必要はないと思っています。繁殖牛の頭数も、家族経営では現状の頭数が限界だろうと感じています。

――未経産牛を放牧していないのは、どんな理由からでしょうか。

**佐藤**　赤牛は元気がいいので、放牧に出すと、逃げ出す牛が他の和牛に比べて多く出てくるようです。従って、ある程度お産を過ぎた牛を放牧しています。

――和牛の場合、放牧が今後もっと普及していくのでしょうか。どうお考えでしょうか。

**佐藤**　私が放牧を始めたのは、研究者の先生の指導があったからですので、やはり指導者がいると取り組みやすいのではないでしょうか。最初から、畜産農家が一人で始めるのは大変です。県の畜産協会では、放牧を推奨して、繁殖牛の増頭を進めているようです。

――通常は、規模が拡大していくと法人経営に向かうことが多いようですが、家族経営にこだわっておられるのは、どのような理由からなのでしょうか。

**佐藤** 法人経営になれば人を雇うことが出てきますが、それは牛を管理するより大変だと思っています。私もいつまでも体が動くわけではありませんが、幸い孫がおりますので、引き継いでくれればと考えています。

――牛の管理に際しては、あまり獣医に頼ることはしないとうかがっています。それは、なぜでしょうか。

**佐藤** かつては家畜共済に加入していて、ずいぶんと助かっていました。しかし、よく考えてみると、頼り切ってしまって、本当に牛のことを見られなくなってしまっていたんです。同じような意味で、今では獣医さんにもあまり頼らないようにしています。結局、自分でよく牛を見ていれば分かるようになってくるものです。獣医に頼らないので、牛が病気で具合が悪くなった時、その牛への向き合い方が違ってきます。本気にならざるをえないのです。息子は私より、そうした思いが強いようです。

――今は、息子さんと一緒に経営しておられるようですが、労働への報酬に関してはどのようにお考えですか。

**佐藤**　私は六二歳、妻六〇歳、息子が三六歳、その妻が二三歳です。実際は、形式のうえだけですが、青色申告で、私の妻、息子とその妻に給料の形で処理しています。

――中山間地域の水田で放牧をしている例もあるようですが、傾斜地水田での放牧に関してはどうお考えでしょうか。また、今後も消費者の嗜好は赤肉を好むようになっていくと思われますか。

**佐藤**　私の住んでいる所が中山間地のような傾斜地であれば、放牧をしているでしょう。どんな地形条件でも、放牧は可能です。例えば、湿田の谷地田のような所であっても、牛が休める場所が近くにあれば、大丈夫だと思います。一三歳の経産牛を再肥育したものをレストランで出したところ、とても美味しかった。それに比べれば、赤牛は二年程度で出荷しようと考えていますので、それほど美味しくはないと思います。経産牛の廃牛はどんどん出てきますので、これからはその肥育をしていこうと考えています。

――放牧されている牛は、どのように統率されていますか。

**佐藤**　牛舎の中では新しい牛を入れると必ずボスの地位を争うようになりますが、放牧場では、最初は少しお互いを警戒するようですが、ほとんど問題は生じません。

――受胎率が高い理由は、どんなことが理由だとお考えでしょうか。

**佐藤**　ＷＣＳとヘイキューブを給与するようになってから、一年一産が続いて、受胎率が向上しました。そう考えると、牛の状態が良いところにそうした飼料を併用することが効いているのかも知れません。

――稲の立毛放牧に関して、どうお考えでしょうか。特に、稲をつくっている人は、どう見ているとお感じですか。また、飼料米やＷＣＳへの政策支援がなくなることへの危惧はお持ちでしょうか。

**佐藤** 稲が稔って、実が入った状態で制限なしに放牧すると、牛は実が入った物ばかりを食べてしまいます。そうすると、食滞を起こすことがあります。従って、制限をしてやると、茎まで食べるので、食滞を避けることができます。稔っている稲を牛に食べさせることについて、耕種農家が何かいうことはありません。交付金が出ている限り、主食用米をつくるよりましだと考えているのではないでしょうか。畜産農家と耕種農家、双方が益するようであれば、協力してくれます。

また、確かに今後、国がどのような方針で政策をおこなっていくのかは、非常に気になるところです。五年あるいは一〇年は方針を変えることなく、政策をおこなってほしいものです。来年のことは誰も分からないという中では、営農をきちんと続けていけません。

――当地は、そもそもは畑地だったのですか。それとも田だった土地なのでしょうか。

**佐藤** 私の父が入植した当時は、利根川の堤防もまだ整備が済んでいなくて、毎年水が出ていた土地だったそうです。その後、河川敷に水田が整備され、堤防も完成しました。

（二〇一六・一二・九）

# ＥＵにおける酪農・畜産政策

株式会社農林中金総合研究所　主席研究員　平澤　明彦

本日は、ＥＵの酪農・畜産政策について、背景にある考え方や過去の歴史的経緯も含めてお話しするようにと依頼をいただいております。私は、普段はＥＵやアメリカの農業政策を調査しています。しかし、畜産・酪農はあまり得意ではありませんし、ＥＵ加盟各国の政策についても必ずしも詳しいわけではありませんが、できる範囲でお話したいと思います。ここではＥＵの共通農業政策（ＣＡＰ）全般について、畜産の側面から見てみようと思いますが、ＥＵの政策は、畜産と耕種とで明確に分かれていない部分も大きいので、耕種と重複する話がかなり多くなります。また先行事例として、スイスの政策にも触れたいと思っております。さらに、後半では生乳の生産調整廃止やロシアからの禁輸措置などの動向についても触れたいと思います。加えて、ＥＵの政策の背景にあるものや日本の政策との比較についても考えてみます。

まず、EU農業の日本との大きな違いを確認しておく必要があります。一つは土地資源の違いです。人口一人当たりの耕地面積は日本の六倍で、草地もそれと同じくらいあります。その結果、経営面積規模は日本より一桁大きくなっています。EUの草地は飼料基盤であり、畜産に有利な環境であると言えます。また、加盟二八ヵ国の気候風土が異なることから、農産物も農業構造も多様です。そして農家の受け取る収入のうち、どのくらいが補助金などの保護措置によって賄われているかという指標（パーセンテージPSE）を見ると、世界の先進国の中でEUはだいたい中程、他の国をみるとアメリカなど新大陸の国々は低く、農地資源の乏しい日本・韓国・スイスは高くなっています。日本と韓国は直接支払いよりもむしろ、関税などの国境措置によって国内農業を保護していることにより、保護措置の割合が高く出ています。

当初、欧州北西部の比較的裕福な国から始まったEUは、やがて南欧、北欧の国々、そして中東欧に拡がってきました。それぞれの地域ではおもな作目からして違い、それぞれに特徴を持っています。北西部の国々は牛・山羊・羊といった草を飼料とする家畜と酪農が多く、南欧はオリーブ・果物・ワインが多い所です。新しく加入してきた中東欧の国々は豚や鶏など、穀物を飼料としている家畜を多く生産し、耕種と畜産の混合経営が多いという特徴があります。またどの地域も共通して、穀物や油糧種子などの畑作物経営が多くあります。そして、畜産物のうちでは特に、原加盟諸国の主な産物であった牛・山羊・羊・乳製品が、共通農業政策の中で重視されてきました。

農業構造を見ると、ＥＵの農家数の半分以上が中東欧の国々にあり、それらは非常に零細な農家です。南欧の国々も零細な農家が多く、かつて南欧の国々が加盟した時にも、当時のＥＣの農家の数は倍近くに増えました。加えて中東欧や南欧の国々の農家は、経営規模の格差が激しいという特徴も持っています。南欧では古くからの大規模農場が残っていますし、中東欧にはさらに大きな旧国営農場等があるため、零細農家が大部分を占めている一方、非常な大規模経営も存在し二極に分解しています。

日本とは農地をはじめとした基盤が異なるだけに、制度も大きく違います。共通農業政策は加盟国の政策を規定していて、各国が実施できる政策のほとんどの枠組みは、共通農業政策で決められています。非常に拘束力のあるものですので、共通農業政策の内容は、常に議論の対象となっています。

国境なき単一市場もＥＵの重要な特徴です。人・モノ・サービスが自由に域内を移動できますので、五億人の人口を持つ巨大市場の中で産地間競争がおこなわれています。生産者ばかりでなく、小売業やメーカーも厳しい競争にさらされるため、そうした部門では国境を越えて寡占化しているという状況があります。従って農業者は、川下部門の巨大企業などを相手に互していかなければなりません。

農業経営の規模や市場の大きさは日本と違うものの、ＥＵの農業経営の殆どは家族経営であり、労働力も家族労働力が基本です。ただし園芸など季節的に多くの雇用労働力を必要とする部門もあります。ＥＵ内は労働力の移動が自由なので、中東欧から大量の労働者が西側に流入して来て農業労働に就いています。一方、農業経営者に関しては、特にＥＵ北西部では、所定の教育課程を経なければ農業経営者としての資格を得られない国も多くなっています。

## 納税者は家族によって担われる農業を求めている

ＥＵの共通農業政策の大きな特徴は、品目に依存しない直接支払制度が中心になっていることです。これは畑作物から畜産、園芸まですべてを含みます。日本では品目横断的な経営安定対策が稲作と畑作ではありますが、畜産にはまだ導入されていません。ＥＵでは、その直接支払いに各種の環境要件が付加されています。また、価格支持が維持されており、主要な品目については政策価格が決まっていて、値下がりが起きれば、公的買入れなどの市場介入があります。

一方、日本では農業共済が整備されていますが、ＥＵ全体では農業保険制度はなく各国に任されています。また、一般に各種支援の対象を大規模経営に限定することはなく、むしろ大規模経営への支援に対しては批判があり、大規模経営への補助金を削減し、代わりに中小経営を支援する施策が強化されています。それは、（追記：大規模経営は高収益で助成が不要とみなされていることと）Ｅ

Uの納税者が求めるものが企業的経営や工場生産的な農業ではなくて、家族によって担われる農業だからです。

それから、ＥＵではルール遵守の問題もあります。多様な国や民族を抱えているだけに、ルールに対する意識が微妙に異なる加盟国間において、時折、問題になっているようです。

共通農業政策には様々な施策がありますが、畜産のための独立した大きな施策はそれほどありません。耕種と畜産の両方をカバーする政策が多くあり、畜産の施策もその中に組み込まれています。畜産の中では草食家畜、特に酪農に重点が置かれています。

逆に、豚や鶏は対照的で、もともとの加盟国だった北西部の国々では支配的な品目ではないこともあって、施策は限られています。ポーランドがＥＵに加盟した時には、ポーランドにとって重要な品目である豚の施策を要望しました。しかしながら実現はできませんでした。豚や鶏は大規模に工場的な生産がおこなわれていて、そうした農業は、ＥＵの助成には馴染まないという理由からだったようです。

ＥＵ農業のもう一つの特徴は、水が汚染されやすいことです。平坦な土地の河川は流れが緩やかなため汚染が滞留しやすく、また地下水が多く利用されています。従って汚染は、大きな問題になります。ここは畜産も大いに関係するところです。なお、ＥＵでは動物福祉の取組みが盛んですが、加盟国の間には温度差があるようです。もともとはプロテスタントの教義によるものなので、南欧や中東欧では余りその意識は高くありません。

## 共通農業政策の枠組みとCAP改革

共通農業政策はEUの最大の政策であり、統合のシンボルでもあります。一九五七年のローマ条約（EUの基本条約）の時から続いている政策の一つです。それまでの各国の農業政策を調整して共通の施策を整備し、本格的に稼働したのは七〇年代に入ってからです。そして間もなくこの共通農業政策の下で生産過剰が起き、九二年からいわゆるCAP改革がおこなわれ、今でも続けられています。

共通農業政策の目的は一口に言うと、生産性と自給力を高め、農業と他産業の所得格差を是正することです。第二次世界大戦後の食料不足など困難な状況からの脱却を目指し、また冷戦や外貨不足も立案の背景にありました。現在では農業の多面的機能の方へと政策の重心が移りつつあるようですが、標榜されている目的自体は元のままです。そのため今日的な新しい政策課題に対処する場合は、その都度農業の新たな役割を明示して、加盟国の間で合意する必要があります。

共通農業政策は二つの大きな柱からなります。第一の柱は直接支払いと、市場施策とからなっています。直接支払いは農業予算の四分の三を占めています。市場施策は元来の共通農業政策にあったもので、価格支持や国境措置、各種基準などを含みます。また、共通農業政策の原則どおり、E

Uの財政によって賄われ、基本的に単年度で遂行されます。次に第二の柱は農村振興政策で、そこには第一の柱以外の様々な施策が含まれています。農村振興政策については、加盟国独自のプログラム策定が認められることから、加盟国も財源の一部を拠出します。この農村振興プログラムは七年間にわたり実施されるもので、地域毎に策定することも可能です。

共通農業政策は当初、価格支持や輸入制限、そして生産補助金など保護色の強い政策を用いて生産振興を図りました。やがて他の先進国と同様に、単収の向上や、機械化、肥料の使用増加などによって生産性が向上し、各国で生産過剰が発生するようになります。市場での介入買い入れによって政府部門の在庫が大量に積み上がり、輸出補助金を使って処理をせざるを得なくなり、財政負担が大きくなりました。生産調整も思うような効果を上げず、補助金付き輸出が増加の一途をたどり、アメリカとの通商摩擦を生みました。そうした問題を解決するために、CAP改革がおこなわれました。

CAP改革は、基本的には農産物の政策価格を下げて、輸出競争力を高め、輸出補助金を減少させました。またそれと同時に、価格政策とは別に、直接支払いによって農家の所得を補填しました。アメリカではすでに七〇年代から、同様な政策（不足払い）を導入していました。こうして直接支払いという制度をアメリカとEUが互いに認めることで、ガット・ウルグアイラウンドが妥結できたわけです。この直接支払いの受給要件として生産調整を課すことによって、生産過剰も抑制できることが期待されました。日本のコメで（戸別所得補償の導入以前）採られたように、最近数年間の平均価格に「均す」のではなく、ＥＵの直接支払いでは政策価格の累積的な引き下げ幅に応じて補填を行います。一方、米国の不足払いは一定の目標価格を基準として市場価格の値下がりに応じた補填を行います。こうして欧米の農業政策と比べて、日本のコメはかなり違う方向へ向かいました。ＥＵに話を戻しましょう。農産物価格を下げて直接支払い制度を導入した結果、それまでは価格支持によって農家の所得を確保していたものが、そうではなくなりました。それは価格政策と所得政策が分離したことを意味しています。価格と生産を市場に委ね、所得は直接支払いで補填するということです。

従って、価格支持の役割が徐々に縮小し、大幅な暴落時のセーフティネットという位置づけに変わっていきます。また直接支払いの設計を工夫して、増産へのインセンティブが働かないようにしました。生産刺激性を少なくするために、過去の一定時点の単収あるいは面積・頭数（いわゆる過去実績）を基準とし、その後から単収や面積が増加しても交付金額は増えないようにしてあります。そうしたデカップリング（補助金交付額と当期農業実績の切り離し）が進展しました。なお、直接支払いの決め方としては他の方法もあり得ます。例えばスイスでは、公共財（多面的機能）の供給に基づいています。これは過去実績ではなく、現在、農業が生み出している公共財に対して支払うという形です。

価格を下げて直接支払いで補填するということは、それまで、消費者が支払っていた分を政府が直接生産者に支払うことになるので、直接支払いを導入することで、当然、それまでに比べて財政支出が増加します。ただし、導入直後は財政支出が増加しますが、その後は、たとえ生産量が増加してもそれに応じて支出が増えることがないため安定して推移します。

先ほどお話ししたように、畜産に限定される施策は多くありませんが、その大きな理由は、CAP改革とともに政策の体系化が、既存の各種施策を統合する形で進んだことです。直接支払いと市場支持施策はいずれも、品目別であった施策が品目横断的なものへとまとめられました。またそれ以外の様々な施策も、農村振興政策として一本化したうえ、その中にある個々の施策についても整理統合が進められています。

## 国によって異なる直接支払い制度導入の目的と効果

直接支払いは、EUでは需給問題の解決に向けてかなりうまく機能したと考えられます。EUの輸出補助金の推移を見ると、各品目ともCAP改革の開始から確実に減少してきたことが分かります。また、主要加盟国の穀物需給の動向を見ると、七〇年代後半から、急激に輸出が増えてアメリカと摩擦を起こしましたが、CAP改革と同時に横ばい傾向になっています。輸出自体は継続されていますが、それ以上の伸びは見られません。また、それまでは価格が高いため、域内産穀物に対する飼料向けの需要が抑制されていましたが、改革によって、域内での飼料穀物利用が大きく進みました。

直接支払い政策は、競争力のある国では有効でしたが、例えば、日本や韓国など競争力の弱い国では同じようにはいきません。そうした国において、内外価格差をすべて直接支払いで補填するには、大きなコストを要します。ＥＵやアメリカという競争力の強い国にとって使い勝手都合のよい政策を、ＷＴＯで世界のルールにしてしまったわけです。また、生産から切り離された、あるいは生産を刺激しない助成が良いとされていますが、それは過剰が大きな問題だった時期に導入されたからです。生産を刺激しない、しかしそうした政策は、需給食料がひっ迫した時の増産や、あるいは生産を刺激する必要がある途上国などの都合をまったく考慮していないとは基本的に相反するもののルールでした。

一方、ＥＵの農業所得に占める補助金の割合は、右肩上がりできています。改革によって様々な品目に直接支払いが導入されたため、ますます増えてきました。現在、農家の所得の七割程度が補助金で賄われています。特に補助金の割合が高い営農類型は肉牛や羊で、酪農や畑作でも高くなっています。他方、オランダなどで盛んな園芸は、補助金の割合は高くない部門です。

この間、直接支払いには大きな制度変更がありました。当初、直接支払い制度が導入されたのは品目別に価格を下げて、下がった分の収入を補償することが目的でしたが、そうした考え方が次第に変わってきました。そうやって価格が下がった分の補償を続けていると、補償をいつまで続けていくのかという批判が出てきました。さらにＷＴＯでそうした政策がいつまでも認められるかどうか不透明でした。「青の政策」から、「緑の政策」に移行させる必要が出てきたのです。そうした結果、単一支払いと呼ばれる品目横断的な支払いに変更されました。これは、それまで様々な品目について、それぞれ別個に受けていた直接支払いをまとめて、生産品目に限らずその総額を農場あるいは農家当たりで支給するものです。それまでは単収水準から切り離された支払いでしたが、これは生産品目とも切り離されたデカップル支払いということになります。

それまでの直接支払いは価格の引き下げに対応するものでしたから、どうしても当該品目ごとに支払う必要があり、基準となる過去の実績も品目ごとの単収や面積・頭数にならざるを得ません。そのため、生産品目が硬直的となり、市場からの需要の動向に対応し難い面もありました。一方、この単一支払いの導入後は、生産品目の自由度が高まり、市場の需要に合わせた生産がしやすくなったと言われています。

直接支払いを導入した目的は、国によって違っていました。アメリカでは、輸出競争力を回復させるために直接支払いを導入しました。ＥＵでは、輸出補助金の削減や域内の飼料向け需要に応えるという目的がありました。他方、競争力の弱いスイスでは、貿易自由化による影響を緩和するために導入しています。また、注意すべきなのは、直接支払いの導入にあたっては、アメリカとＥＵのいずれも価格支持の機能を残していることです。セーフティーネットとしての意義があるのはもちろんですが、政策価格が存在しているのでその引き下げに応じた補填額も検討が容易です。

直接支払いは需給を調節する機能も持っています。アメリカやＥＵでは生産過剰分を輸出するという考え方であり、それを輸出補助金ではなく直接支払いでおこなっているのにすぎません。つまり、直接支払いを使うことで、生産が国際市場によって調整されるようになるのです。それに加えて、直接支払いの導入にあたっては、ＥＵもアメリカも生産調整を義務付けています。輸出と生産調整の両面から需給調整を図ったのです。

一方、スイスや日本のように国際競争力の低い国では、少々の直接支払いでは競争力はつきません。日本でコメの戸別所得補償を試行した際に米価が暴落しましたが、国内で過剰基調のコメに定額の直接支払いを導入したことで、ほぼそれに見合った分だけ米価が下がってしまったのです。その国の競争力の程度によって、導入した直接支払いの効果が違ってくるということに注意が必要です。

## 直接支払いで重要なことはいかに納税者を説得するか

競争力の弱い国が直接支払いを導入する場合、多面的機能（公共財）の提供が重要となっています。農業競争力の低さに応じて多額の補助金を投入するには、それに見合ったサービスの提供が必要になります。環境保全、景観、動物福祉、食料安全保障などのサービス提供をおこなうことで、納税者の納得が得られるようにすることが重要になってきます。ただし、生産と結びついた直接支払いを維持すべき品目も依然として存在し、アメリカやEUでも、そうした品目には別途補助金を上乗せしています。

以上のように、直接支払いはいろいろな役割を果たすことができますが、国の農業予算の大きな割合を占めることから、直接支払いによって農業政策の主な課題を解決することが重要であり、そのために設計されています。

EUに限らず、直接支払いの内容は、実は各国の土地資源に大きく影響されていると考えられます。例えば、オーストラリアのような豊富な農地を持って大規模経営が展開している国では、恒常的な直接支払い制度がありません。そうした国での生産費用（と輸送費用）が国際価格を規定すると考えられることから、基本的に生産費の補填は不要です。また、アメリカは一定の競争力を持っているため、市場価格が下がったときだけ補填する不足払い型の直接支払いで良いわけです。一時期はアメリカでも毎年一定額を交付する固定支払いをしていましたが、それでは好況時に補助金をもらいすぎになるという批判を受けて廃止されました。

一方、農業部門が恒常的に所得不足や赤字のEUやスイスでは、基本的には固定支払いが採用されています。これなら不足払いと異なり、値下がりで財政負担が膨張するおそれがありません。しかし、それでも財政負担への批判は拡大しており、スイスでは多面的機能を前面に出して、国民の支持を取り付けています。直接支払いの本格導入に先立ち、環境団体の発議によって、直接支払いに対する環境保全要件を求める国民投票が実施され、高い支持を得ました。スイスのように人口一人当たりでみた農地資源が少なく、地形や気候の条件も厳しい国は競争力が弱いので、補助金による大幅な支援が必要です。補助金の規模が拡大するにしたがって納税者をいかに説得するかが重要になってきます。ＥＵも次第に多面的機能を重視する方向へ向かっています。

なお、ＥＵに限らず、欧米では農業政策は、中期の農業予算と政策プログラムをセットにして法制化するので、少なくとも数年間は安定した政策が確保されています。ＥＵでは七年間、スイスでは四年間、アメリカでは五年間です。それでも、ＥＵやスイスでは数年間では短過ぎて、農業への投資に消極的になるという声が上がります。例えば、長期の土地貸借に対応するには、もっと長期間の政策が必要ということです。

## 新たな課題として求められた多面的機能

現在につながるＣＡＰ改革は九二年に始まり、九九年、二〇〇三年、二〇〇八年、そして二〇一三年にも改革されています。改革の重要課題はその時によって変化してきました。最初は生産過剰と通商紛争でした。しかし二〇〇七年頃から農産物価格が上昇し、需給が国際的に逼迫傾向に転じたため、輸出競争も緩んで通商摩擦は大きな問題でなくなりましたし、ＷＴＯ交渉も停滞したままでした。その結果、生産過剰に代わって食料安全保障が、課題として浮上してきました。とくに欧州にあってＥＵに加盟していないスイスでは、日本と同様に食料を輸入に依存していることから、食料安全保障が大きな課題になりました。

一方、ＥＵでは経済危機と財政削減基調の下で農業予算をどう維持するかが最大の課題となり、それまで積み残していた多面的機能や新規加盟国への対応が課題として顕在化しました。こうして、国際環境の変化によって、農政改革は非常に内向きになっていったと言えると思います。

ＥＵは二〇一三年ＣＡＰ改革の構想段階で、主な課題の一番に食料安全保障を挙げています。ちょうど農産物の国際価格が上がっていた時期に作成された文書であったために、そういう形になったものだと考えられます。そこでは、ＥＵ全域で食料生産を維持することの重要性が確認されました。もしこの時、農産物価格の上昇がなければ、逆に農業予算の大幅削減に傾いていただろうと思われます。

改革にあたっては、法案の提案文書に提案の趣旨などが盛り込まれていますが、そこには、「今日の課題の多くは、農業の外からの要因によるものであり、そのために広範な政策対応が求められる」と記されており、農業部門に対して、外からの財源削減圧力が非常に強いことがうかがわれます。そこで新たな課題として、食料安全保障や環境保全などの多面的機能を強調することになったわけです。直接支払いによる多面的機能への貢献を高めようとするわけですが、その実施にあたっては環境との親和化、目的別の支払い、そして公平化が図られることになりました。

その具体的な内容は、まず直接支払いの予算の三割は、追加的な環境保全要件を満たした農業者に支払われる「グリーニング支払い」となり、この環境保全要件を満たさない場合は他の直接支払いも削減されてしまいます。また条件不利地域向け（自然制約地域支払い）や、新規就農者向け（青年農業支払い）、中小規模農家向け（再分配支払い）、特定の品目向け（任意カップル支払い）の上乗せ支払いなどを、各国が必要に応じて使えるようにしました。条件不利地域向けの支払いは、それまで農村振興政策の中でのみおこなわれていましたが、第一の柱でも使えるようにしました。

なお、高額受給者（大規模農家）には直接支払いの削減措置があり、受給上限額を設ける国も多くなっています。さらに、年金生活者や兼業農家など、より小規模な農家でも容易に利用できるよう簡便な制度も用意されており、小規模農家に配慮した内容になりました。カップル支払いというのは従来型の品目別の直接支払いですが、要望が多かったため、二〇一三年改革で拡充されました。直接支払いの種類別割合を国別に見ると、国によって違いがあります。とくに、中小規模農家向けの上乗せを本格的に実施している国がいくつかあります。

直接支払いの三割を占めるグリーニング支払いでは、経営単位ごとに農地の配分に関して満たすべき追加的な環境保全要件が三つあります。その一つは、永年草地の面積が五％以上減らないように維持することです（追記：各国の判断で地域毎ないし国全体の面積維持でも可）。二つは、耕地のうち五%以上を環境重点用地に設定して、環境保全に資するよう使わなければなりません。例えば、段々畑や生け垣などです。三つは、作物の多様化です。三作目以上つくり、なおかつ最も多い作目も全体の七五%までに制限されます。実は草地はこれら三つの要件をすべて満たすことができます(追記:三つ目の要件は適用除外)。草地は生物多様性が高いため重視されているのです。

EUは従来から農業環境政策を展開してきましたが、特定の施策への参加を申し込んだ農業者にのみ補助金が交付される方式であり、参加者は中山間や条件不利地の農家に集中していました。しかし、グリーニング支払いは直接支払いを受け取るすべての農家が対象になりますので、域内の大部分の農地をカバーできることになりました。その影響を受けることになるのが、平場の穀物の単作地帯です。そうした地域では、グリーニング対応として休耕時に緑肥を栽培するようになった例もあります。一方、グリーニングによる環境保全の水準が低いという批判もあり、要件の見直しや予算のせめぎ合いは今後も続くと思われます。

このように、一連の改革によって、かつては値下げによる所得減少の補填を目的としていた直接支払いの姿がだいぶ変わってきました。それは、過去実績を廃止したことによって可能になったとも言えます。従来の単一支払いは過去の受給実績に基づく交付額を将来も維持する仕組みであったため、いわば年金の受給権に似て、各農業者に一定の金額が張り付いており、農業者の間で補助金の再配分は困難でした。新たな制度では過去の実績を交付額の基準として使用することを原則として止めたため、国内あるいは加盟国間での財源再配分ができるようになり、新規加盟国も含めて、単価をある程度揃えられるようになりました。一ヘクタール当たりの直接支払いは原則として各国ないし地域で一律となりました（追記：実際には多くの国が例外措置により過去実績の要素をある程度温存している）。一方、目的別の直接支払いは各制度の目的に沿った農業者だけに交付されるので、そこでも財源の再配分が発生しています。

しかし個々の農家にとっては、それまでの過去実績による補助金の受給権がなくなってしまったため、安定性が失われたように思います。今後直面するであろうＥＵ農業予算の削減圧力に対する抵抗力は弱まったと思われますし、今後さらなる補助金の再配分を被る可能性もあります。グリーニング支払いなど多面的機能を強調することで、納税者を納得させる必要性がますます強まってくるでしょう。

さて、市場施策の変化にも少しふれておきましょう。ただし、生産調整については後でお話しします。二〇一三年の改革では緊急時の施策が拡充されました。従来から価格が大きく下がった場合には、臨時で介入するなどの措置がおこなわれてきましたが、その内容は平素から明確に定められてはいませんでした。このときの改革では緊急時の施策内容について大枠を定め、その一環として口蹄疫やＢＳＥなど大規模な疾病が発生した場合に備えた措置も設けられました。また、緊急措置の財源として準備金を手当しました。その他リスク管理施策として加盟国が農業保険・相互基金・所得安定化基金を使って、農家の収入下落を補填する場合、ＥＵの財政からも支援できるようになっています。

### 食料安全保障や景観などに対するスイスの直接支払い

ＥＵの直接支払制度が今後はどのような姿になっていくか、多面的機能への対応という点でＥＵより一〇年以上進んでいると思われるスイスが参考になります。スイスは競争力が低いことから農家一戸について平均四〇〇万円、山岳地帯の条件不利地では九〇〇〇万円の直接支払いをおこなっています。そうした直接支払いは、最近の政策ですべて公共財への支払いとして再編されました。所得支持の機能は縮小され、将来的には廃止される見込みです。公共財として認められるよう、食料安全保障のために生産を継続すること、あるいは農地の景観をきちんと維持すること、そのための面積支払いが補助金の多くの部分を占め、それによって農家の所得の相当な部分が補填されます。他に有機農業、動物福祉、生物多様性、資源効率などの機能にはより高い単価で支払うようになっています。

さらに直接支払いの払い方も、頭数規模に応じた支払いをやめて、飼料作あるいは放牧に対して積極的に支援するようになってきました。前回の中期農政では畜産部門にてこ入れするため、飼料の輸入関税を下げたところ、安い輸入飼料を使って牛の増頭がおこなわれ、放牧ではなく、畜舎飼いが増えてしまいました。その結果、放牧地が荒れ、景観が悪化し、糞尿による環境汚染も発生しました（追記：牛乳の生産過剰の一因にもなった）。また、そうして使われなくなった牧草地に木が生えれば、スイスの法律では森の木を伐採することができませんので、元の牧草地には戻せないことになり、中山間地において農地の減少が進みました。

そこで新しい補助金の体系が導入されたわけです。供給保証支払いと呼ばれる食料安全保障に関わるいわば基礎部分の補助金以外に、丘陵・山岳など条件不利地や、畑作、飼料作に対する追加の補助金などがあります。農業景観に関わる補助金は、条件不利地に厚く支払い、夏だけ放牧されるような山岳の荒れ地にも支払われます。平野部の農地については畑作、特に飼料作に誘導しています。こうして草地と畑作の配分をコントロールしようとしているのです。直接支払いは、こうした用途にも使えるという良い例だと思います。

また、少し横道にそれますが、生産調整の廃止には、需給バランスの改善が重要です。アメリカやＥＵのように元からの内外価格差がせいぜい数十％以内の国では、国際価格が上昇すると輸出競争力がついてきて、生産調整をするよりは、増産して輸出する方が有利な状態になります。それに対してスイスの乳製品の場合、ＥＵ市場での非価格競争力を期待して牛乳の生産調整を廃止したものの、当てが外れて苦戦しているようです。これらの例からも見て取れるように、生産調整を止める場合は、生産過剰分をどうするかが重要になります。例えば、ＥＵの砂糖やワインは競争力が余りないことから、まず製糖工場を整理したり、ブドウの木を抜根したりして、スクラップを断行し、生産力の過剰を解消してから、生産調整を廃止していきました。一方、日本のコメは何十年も生産過剰を抱えながら、スクラップの議論は十分になされてこなかったのではないでしょうか。

## 畜産・酪農分野からみるCAP改革

EUの畜産・酪農部門は、CAP改革の最初(一九九二年改革)からその対象となりました。当時、穀物と酪農が最も保護されていた農業分野であり、その結果、生産過剰が甚だしかったからです。また穀物を飼料とする牛も、同時に改革が必要と考えられました。畜産・酪農は輸入飼料を大量に使用していたため、生産過剰であった穀物のはけ口としても期待されました。また、穀物の価格がCAP改革によって下がることで、飼料の価格も下がり、畜産物や乳製品の価格も下げられるはずです。ただし、それが可能なのは濃厚飼料を使う集約的な農場であり、そのように一方的に生産物の価格を下げられたら、放牧が主体の農家はひとたまりもありません。そこで、そうした農家の収入を補填する必要性も出てきました。日本のコメと同じように、EUでも比較的経営規模の小さい酪農家が多数存在し、政治力も持っていたために、九二年の時には、酪農についての改革は先送りされ、畜産部門の改革は牛肉にとどまりました。

牛肉については、CAP改革の以前から頭数による直接支払いを導入していました。イギリスではＥＵ加盟以前から直接支払い（屠畜奨励金）をおこなっており、それがＥＵにも持ち込まれた形です。また、ＥＵは生産過剰への対策として、増産意欲を削ぐよう抑制的な価格政策（後述）のために奨励金を交付するようになりました。高品質な牛肉への奨励金もつけるようになりました。そうした中でＣＡＰ改革がおこなわれましたが、穀物のように単純な仕組みではないため、価格を下げて収入を補填するという基本は変わりませんが、その仕方は様々です。例えば、屠畜の季節変動を平準化するための奨励金や、乳用種を減少させる奨励金などを組み合わせました。さらにその後のデカップリング（後述）により奨励金の多くは面積支払い（単一支払い）に統合されて、今日に至っています。

酪農の場合、ＣＡＰ改革以前はバターの過剰に代表されるように、生産過剰が深刻でした。当時は他の品目と同様に、農業大臣たちによる年次協議の場において生産者価格が決定されていましたので、政治的にどうしても価格が上昇していきました。そこで、過剰を問題視したＥＵ当局は、賦課金を徴収したり、生産過剰時に限って介入価格を引き下げる仕組みを導入し、生産調整にも取り組んでいきます。そうして一九八四年に、生産調整の一種である生乳の生産割当が始まりました。一九九九年のＣＡＰ改革において、酪農分野でも価格引き下げを図りましたが、結局値下げの実施は二〇〇五年までずれ込みました。さらに価格引き下げや実施の前倒しをおこない、二〇〇八年の改革時にやっと、生産割当の廃止（二〇一五年三月末）が本決まりとなりました。生産割当はそれまで繰り返し延長されていたのです。

買入介入は、酪農部門の場合は比較的貯蔵が可能な脱脂粉乳やバターが対象です。そのうち買入による在庫が増加して問題となったため、買入を抑制するようになりました。具体的には介入の期間を限定したり、買入価格を引き下げました。大元の政策価格に変更はないにもかかわらず、実際に介入で買い入れる価格はそれより低いということも出てきました。つまり政治的な配慮から、政策価格の水準は維持し、一方で農家の手取り収入は減少するという仕組みになってきました。ただしある程度は、奨励金による補償もなされました。さらに限度数量を設定し、無制限な買入ができないようにしました。その後はＣＡＰ改革で、政策価格自体を引き下げました。こうした推移は他の品目も似ています。そして最終的に農業全体で買入対象品目を減らしていきました。例えば豚肉の買入介入は二〇〇八年の改革で廃止されました。直接支払いを導入して価格を下げると、価格支持の役割は後退します。そうして介入買入の機会が少なくなりますが、その一方で、民間貯蔵助成という助成金を拡充しています。これは民間業者がすぐに在庫を放出せず、一定期間保管し続けるという契約をするもので、市場の供給量を減らして介入買入の必要を抑える効果があります。つい先ほどお話しした豚肉部門にも民間貯蔵助成があります。

すでにお話しした通り、直接支払いは、ある品目の引き下げられた価格を補填するものから、品目に限らない支払いである単一支払いに移行しました（デカップリング）。しかし、それまで牛や羊に対する補助金によって、条件不利地での放牧などが維持されていたため、そうしたインセンティブが失われるのではないかと危惧されました。そうして放牧などがおこなわれなくなると、チーズ産地が立ち行かなくなりますし、景観が損なわれるという問題もあります。そこで、従来あった品目別直接支払いの要素を一部残すために、部分的デカップリングという仕組みが導入されました。例えば農家が受け取る直接支払いのうち、羊は最大で五〇％、牛では一〇〇％を引き続き品目別の支払いで受けられるようにしました。

二〇〇三年のCAP改革において、単一支払いが導入されましたが、特にフランスでは部分的デカップリングを全面的に採用してデカップリングを遅らせました。その後、二〇〇八年の改革（ヘルスチェック）によって、部分的デカップリングによる品目別支払いは大幅に縮小されました。もっとも、予算の一定割合までは各国で任意に使えるという任意カップル支払いの枠が用意されています。

この任意カップル支払いは、産地が明らかに困難な状況にある場合、その生産を維持するのに必要な範囲で用いるよう定められています。対象品目は数十種類あり、共通農業政策の対象作物の九割程度が含まれており、ほぼ全部と言っていいでしょう。しかし、共通農業政策には馴染まないと考えられる豚肉などは含まれません。条件不利地での放牧や草食家畜が主な対象であり、予算の四二％を占め、二四ヵ国で導入されています。次いで、酪農二〇％、山羊・羊一二％と、これらの草食家畜で予算の七四％を占めています。

## 市場への適応を支援する施策の拡充

ＣＡＰにおける市場施策の大きな変化の一つは、生産調整が廃止されたことです。牛乳と穀物が重要ですが、いずれもよく似た経緯を辿りました。まず、ＣＡＰ改革によって、買入による介入を抑制し、価格を下げたため、公的在庫が減少し、ほぼ解消したこと、そして内外価格差が縮小して輸出補助金を削減できたことが大きな前提です。内外価格差が縮小すると輸出が容易になりますが、実はそれにはＣＡＰ改革だけでは限界がありました。乳製品価格の推移を見ると、政策価格の引下げとともにＥＵ域内の市場価格も低下していました。そこへ国際的な飼料価格の高騰や中国の乳製品輸入需要拡大が起こり、様子が一変しました。国際価格が上がってＥＵの政策価格を大きく上まわり、域内市場価格も国際価格とともに上昇しました。そうして、国際価格とＥＵ域内の市場価格とが連動するようになりました。その結果、ＥＵは輸出競争力を持つことになったため、牛乳で言えば、もともと増産志向の強かったドイツなどの国が、生産調整の廃止を要求するようになってきたのです。

また、域内価格が国際価格と連動するということは、ＥＵ内で生産調整をしても、域内市場の価格をコントロールできないということでもあります。そうしたこともあって二〇一三年のＣＡＰ改革において、牛乳の生産調整（生産割当）を予定通り廃止することが決定されました。しかし、少し後でお話しする通り、廃止を決定した途端に、価格が急低下して対応に追われることになります。

もう一つの大きな変化は、農業者の市場への適応を支援する施策が拡充されてきていることです。これまで続いてきたCAP改革の下で、生産と価格の決定はその多くを市場に委ねるようになったことと、またEU単一市場内での競争により、農産物の加工・流通段階において寡占化が進んできたことによって、農業者の負うリスクの範囲と程度が大きくなりました。国際競争だけではなく、販売先である巨大企業とも渡り合っていかなければなりません。そこで収入の変動を緩和したり、フードチェーンの中での農業者の地位を向上させることが課題になってきました。その課題に対応して、リスク管理施策（農業保険・相互基金・収入安定化基金）を導入したり、農協など生産者組織の強化をおこなうことになりました。生産者組織のほかに、加工・流通といった川下との協議機関も設立・強化をめざしています。果物や野菜では、従来からおこなわれていた政策ですが、それを全部の品目に拡大して適用するようにしました。そうした機関は、計画的な生産や品質・数量に関して一定の発言力を持つばかりでなく、構築されたルールは地域内で拘束力を持たせることもできます。

しかし農業部門から見ると、こうした施策ではまだ加工・流通の巨大企業に太刀打ちできないということで、さらに拡充が検討されています。また、酪農部門では集乳をおこなう川下部門の企業に対して、農家と一定の契約を結ぶよう義務づけることによって、農家の交渉力をつけようとしていますが、こうしたことが酪農協同組合などの生産者組織があまり組織されていない国では、とくに必要と考えられています。

近年の動きとして、二〇〇七年以降の穀物価格の上昇や酪農危機を契機に各種の制度変更・修正が加えられています。最近では、ウクライナ問題の余波でロシアが二〇一四年以降輸入禁止措置をとったことから、域内の農産物市況が悪化しました。ロシアは、EUにとっては最大の輸出先（乳製品・食肉・青果）であったことから、禁輸措置は大きな影響がありました。ちょうど酪農部門では、生産調整の廃止へ向けて中国やロシアの需要をあてこんだ牛乳の増産が進んでおり、過剰が発生しました。このときEU当局は買入介入の通年化や民間貯蔵への助成拡充など、出来る限りの対策を講じました。二〇一三年改革で用意した緊急施策が役立ったのです。

そうした状況の下、任意参加の一時的な生産調整（追記：廃止されたばかりの義務的かつ継続的な生産割当とは異なる）も発動するまでに至っています。もともとこの生産調整が認められるのは、一定の認定組織のみでしたがそれに限らず広く認め、さらに補償金まで交付して生産調整を促進しました。また、ロシアへの輸出減少で特に大きな影響を受けた国には、直接支払いに似た臨時の仕組みでさらに支援しています。

## CAP改革がみせる日本の見習うべきところ

今日、EUの共通農業政策の考え方の基本の第一は、農業を広範に維持しようということです。なおかつそれは、家族経営であるということです。第二には、市場の機能をできる範囲で活用しようということです。ただし、セーフティネットを用意して介入価格や国境措置も維持しています。さらに市場に不都合な点が出てくれば、その都度是正していく姿勢が一貫しています。第三は、所得を直接支払いできちんと補填することです。第四には多面的機能によって、農業予算を正当化し、納税者の納得を得ようとしていることです。

EUにおいて、農業予算圧縮の圧力は常にあり、そうした動きにどう対応するかが課題です。農業政策を取り巻く環境は大きく変わってきており、農業人口が減少し、経済における農業の地位が低下していることから、政治的に困難な状況になっています。そうした中で、農業政策には多面的機能の維持強化という今日的な課題があり、それに応えていく必要があります。

EUと日本の農業政策に相違点は多くありますが、中でも共通農業政策の特徴の一つである中期の予算とプログラムは、安定した農業政策を展開する上で、有効な仕組みだと考えられます。そうした政策は数年かけて周到に準備され、ステークホルダーも参加して決定することが重要です。また、安定的な所得支持の仕組みも有効だと考えられます。日本のように競争力の弱い国では、ナラシや収入保険だけで農業経営を安定させるのは難しいと思われます。さらに、農畜産業部門全体をあるべき姿にきちんと調整していく、という姿勢も重要です。その点日本は、コメ政策の中にいろいろな課題を入れ込んでしまいがちのように見えます。例えばスイスでは、直接支払いによって畑作と放牧の土地利用配分を調整しようとしています。これは参考になるのではないでしょうか。

ＥＵでは品目横断的な直接支払いが導入されていますが、先述した中小規模経営向けに上乗せされる直接支払いは、もともとフランスが提唱した政策です。フランスでは、頭数規模に応じて支払いを受けていた集約型の肉牛農家が多数存在しています。そうした農家は耕地規模が小さいため、一律の面積単価をもつ補助金体系にすべて移行してしまうと、経営が立ちいかなくなります。そこで、小面積経営に補助金を上乗せすること等によって、そうした畜産経営を救済するわけです。品目横断的な政策への移行によって生じる不都合には手当をきちんとして、部門間のバランスを図っています。条件不利地や特定品目への上乗せについても、同様のことが言えます。

そして、生産調整の廃止についても、ＥＵでは需給の均衡という出口をきちんと見通しており、そうしたことは重要だと思います。生産調整に限ったことではありませんが、ＥＵをアメリカやスイスと比べると分るように、土地資源とそれに基づく競争力によって、農業政策は変わってきます。個々の施策の必要性、有効性もそれぞれ違ってきますので、それを踏まえないといけません。

なお、貿易自由化の影響について考える場合、イギリスがとても参考になります。イギリスは一九世紀半ばから一九三〇年頃まで自由貿易をおこなっていました。当時、アメリカ等新大陸との競争に敗れて麦の作付けが半減し、耕地は三割減少しました。減少した耕地は草地に変わり、畜産物生産に移行し、園芸作物も増えました。日本農業の戦後の推移に似ているのではないでしょうか。畜産ではコスト削減のために輸入飼料を使用するようになります。そうした中で使われなくなった限界地を利用していくために、粗放化あるいは草地化という方向が出てきました。そういう意味で、日本にとって非常に示唆的だと思います。

（ひらさわ　あきひこ）



## 〈質　疑〉

―― アメリカの酪農は、大規模経営による生産シェアがすでに半分程度に達していますが、ＥＵ加盟国各国の畜産は、共通農業政策の下で、どのように変化してきたのでしょうか。

**平澤**　全体的に見れば、ＥＵでも経営の大規模化は進んできています。ただし酪農の場合で見ると、日本、特に北海道に比べれば、それほどの速度で大規模化が進んでいるとは言えないと思います。また、後から加盟してきた中東欧諸国での構造変化が遅れているということには、注意が必要でしょう。そうした諸国は他の加盟国に追い着こうと、急速な構造変化を遂げつつあります。また、構造変化が進まなかった理由の一つは、牛乳の生産割当の存在ではないかと思います。域内での自由競争がなかったため、従前の牛乳生産が維持されることになりました（追記：直接支払いが当初は品目別の過去実績に基づいていたことも同様の効果があったと考えられる）。その生産割当がなくなったことは、ドイツやフランスなどの強い国が他の国の酪農を浸食し、シェアを拡大していくことにつながります。今後、そうした傾向が進んでいくと思われます。ただし、酪農や肉牛の場合、条件不利地などでは、現存の経営を維持する施策がありますから、その分だけ構造変化は抑制されます。他方、豚や鶏では、そもそもそうした補助金の体系がほとんどなく、しかも産業的な生産部門と見られていますので、大規模化が相当進んでいます。

――アメリカは非常に大きな規模で肥育経営が展開しているようですが、ＥＵではなぜそうした経営が生まれないのでしょうか。

**平澤**（追記：まず前提としてＥＵでは環境規制が大きな制約になっていると考えられる）家族経営を重視しているということが、その要因の一つだと思います。また、アメリカに比べて、それほど大量の安価な余剰穀物がないということもあるでしょう。戦後、農業の生産性が向上して、余った穀物の七割以上は畜産が吸収したわけです。ＥＵでは、それほどの穀物生産がなかったということです。

そして、そもそもＥＵの場合、国によって事情が異なりますが、経営を統合して規模拡大して、競争に勝っていこうということを必ずしもそれほど目指してはいません。例えばフランスでは、地域ごとに経営規模や生産品目を決めて、農地を優先的に割り当てているくらいです。例え牛乳の割当が廃止されても、すべての地域で、牛を飼い、牛乳を生産し、穀物もつくるという農家を、小規模でもいいから残したいと考えています。そう考えると、アメリカとは目指す方向が違うようです。

もう一つ経営規模や競争に対する考え方の違いは、社会保障の充実度も影響しているかもしれません。年金など生活保障が充実していれば、条件不利地で、零細な農業経営であっても生活を維持しやすいでしょう。

――ＥＵで家族経営を重視するという考え方の根底にあるものは、何なのでしょうか。

**平澤**　初めに共通農業政策を策定した頃には、農家を想定していたことから、その考え方が色濃く残っているのかもしれません。その後、様々な経営モデルが導入されはしましたが、依然として家族経営が支配的です。いずれにしても、納税者が承認する形が家族経営だということでしょう。

――今後日本では、稲作の縮小が進むと思われますが、そうした中で農地の畜産的利用が図られなければなりませんが、例えばスイスでは、そうした調整はどうしているのでしょうか。

**平澤**　そもそも畑作中心の国では、そうした調整はごく当たり前におこなわれてきました。条件不利地では、牧草をつくって放牧もするという仕組みです。畑作ではそうした利用調整が容易ですが、日本では水田にばかり目がいくので、これまではあまり考慮されませんでした。しかし、これからは水田が減少せざるを得ませんので、農地として出てくる畑地の利用については、そうした利用調整をしていくことが重要になると思います。放牧が前提になるとすれば、ある程度の土地をまとめる必要はあるでしょう。それが政府の仕事になるのではないでしょうか。

（二〇一六・一二・二〇）

農政の焦点

# 吉と出るか凶と出るか？　都市農業施策の大転換

会員　榊田みどり

二〇一五年に施行された都市農業振興基本法を受け、昨年から都市農業・農地をめぐる制度改正が始まった。

一九六八年、都市部の人口急増による住宅難と地価高騰を背景に、新都市計画法で建設省（現・国交省）管轄の都市計画区域が設定され、同時に市街化区域・市街化調整区域が設けられた。市街化区域内農地は「おおむね一〇年以内に」市街化すべきとされ、以来、市街化区域内の農地は国交省の管轄下に置かれ、農業政策の対象外となってきた。

それから五〇年。人口減少社会への転換による都市縮小や空き家率の増加を受けて、都市農業・農地の位置づけは一八〇度転換した。都市農地は「保全すべきもの」（二〇〇九年国交省報告書）に変わり、都市農業振興基本法では「都市農業の安定的な継続」と「都市農業の有する機能の適切・十分な発揮」による「良好な都市環境の形成」が謳われた。

昨今の制度改正も、都市農地の保全と都市農業振興が前提とされ、制度改正に伴う税制改正も進んでいる。ただし、都市農業者からは歓迎する声の一方で、逆に都市農地のさらなる減少を招くのではないか、との懸念の声も聞く。制度改正の概要とともに、その意義と課題を簡単に考察してみたい。

**◆都市農政を転換する二つの法改正**

現段階で、制度改正の大きな柱は二つある。二〇一七年四月に成立した「生産緑地法等の一部を改正する法律」と、二〇一八年一月に始まった通常国会に提出されている「都市農地の貸借を円滑化に関する法案」だ。

前者の生産緑地法は、平成四年に施行。「営農三〇年継続」を条件に生産緑地指定を受ければ、固定資産税を宅地並み評価ではなく農地評価とする制度で、今回の主な改正点は以下の五点だ。

**一　下限面積要件の緩和**

従来、生産緑地指定対象は五〇〇㎡以上とされていたが、市区町村が条例制定によって三〇〇㎡まで引き下げることが可能になった。すでに今年一月末現在、東京都で二一区市、埼玉県さいたま市、神奈川県横浜市、大阪府寝屋川市と二五区市が条例を制定。他にも制定の準備に着手している自治体は多く、今後さらに増える見込みだ。

**二　〝道連れ解除〟への配慮**

複数の農業者が隣接する農地を合わせて下限面積要件を満たしていた場合、一方が生産緑地指定を解除すると、残る一方は、営農継続の意欲があっても面積要件を満たせず、指定解除せざるをえなくなる〝道連れ解除〟対策として、隣接していなくても、周辺地域と一団の農地と見なすことが可能になった。

**三　用途制限（建築規制）の緩和**

生産緑地内への農産加工所、直売所、レストランなどの施設建設が可能になった。施設建設後の生産緑地面積が五〇〇㎡以上、施設規模は農地面積の二割以下、設置者は主たる従事者限定…など細かな条件はあるが、生産緑地にこれらの施設建設が認められたのは画期的だ。

**四　都市計画の用途地域に「田園居住地域」を創設**

「田園居住地域」に指定されたエリア内全域の農地開発が制限される。地域内の農地開発は首長の許可制、三〇〇㎡以上の農地は原則開発不可となる。住宅と農地が混在する地域を一体と考えるのは、従来の都市計画制度にない新たな発想だ。

**五　特定生産緑地制度の創設**

いわゆる「平成三四年問題」を視野に創設された制度。現行生産緑地制度の施行当時に指定を受けた生産緑地が、平成三四年度以降に「営農継続三〇年」を迎える。三〇年経過後は、農業者が自治体に農地の買取りを請求する（買取り申出）ことができ、自治体に買取る予算がない場合、実質的に地権者が不動産業者など民間企業に売却できる。その対策として、営農三〇年経過後も一〇年スパンで買取り申出期限を延長できることとした。

## ◆特定生産緑地法の〝踏み絵〟と貸借規制緩和

今後も営農継続を決めている都市農業者にとっては、たしかにメリットの多い制度改正だが、現実はそう簡単ではない。最大の問題は後継者の不在だ。平成四年に生産緑地指定を申請した農業者の多くは、今や六〇代以上。世代交代の時期を迎えている。しかも、地域差はあるが、次世代は農業経験も営農意欲もないケースが少なくない。

特定生産緑地に申請しなければ、現在の生産緑地は宅地並み課税に移行するため、ケタ違いの固定資産税がかかる。「自分の世代で農地を始末しないと子どもに迷惑をかける」と話す農業者もいるのが現状だ。特定生産緑地制度は、後継者のいない農業者に、農地として残すか転用するかを迫る〝踏み絵〟になりかねず、それを見越して、不動産業界は土地活用の営業を活発化している。

現在、国会に提出されている「都市農地の貸借を円滑化に関する法案」は、この問題を解決する突破口になるかもしれない。これまで認められてこなかった生産緑地での農地貸借の認定制度を創出し、農地を貸しても、固定資産税評価や納税猶予適用は生産緑地としての扱いとする法案だ。

同法案が成立すれば、地域内外の農業者が後継者のいない農業者の生産緑地を借地営農できるようになる。ＪＡや市町村による市民農園用地としての借地のほか、市民農園事業を展開する企業にとっても、ビジネスチャンスが広がる。ただしこれも、次世代の地権者が、相続時に農地を農地として維持する選択をするかどうかがカギになる。

また、これらの施策は生産緑地に限定されており、現状では生産緑地の約九九％が三大都市圏特定市に集中しているのも課題のひとつだ。国交省と農水省では、地方都市を含め希望者のいるすべての市町村で、生産緑地制度の適用を働きかける方針だが、どこまで広がるかにも注目したい。

（さかきだ　みどり　フリーライター・明治大学客員教授）

地方記者の眼

# 農産物輸出の最前線 沖縄から

土橋 大記

自給率一〇％未満（農林水産省海外農業情報）のシンガポールでは、近隣諸国から輸入する比較的安価な野菜が主流だ。このため従来日本産農産物は、同じ野菜でも、いわば別格の食材として富裕層向けスーパーやデパートで扱われることが多かった。実際にいくつかの高級店の売り場を訪ねてみた。野菜売り場の一角に、小さなメイド・イン・ジャパンコーナーが設けられ、農産物が美しく陳列されている。ただ値札に目をやると、キャベツ一玉が九～一五シンガポールドル（以下ＳＧＤ）、つまり七〇〇円から一二〇〇円の文字。残念ながら実際に手に取る人の姿は少なく、ショーケースに入った宝石のような印象を抱いた。

しかし最近、変化の兆しが見えてきた。日本産としては値ごろ感ある価格を打ち出し、消費者の心をつかむ店が登場しはじめているのだ。照明の当たった冷蔵ケースに所狭しと並ぶ沢山の野菜。鹿児島のホウレンソウ、千葉のミツバ、沖縄のトマト、長崎のイチゴもある。その前では、ひっきりなしに買い物客が手にとって品定めをしている。おなじみのスーパーの食料品売り場の光景だ。

しかし、ここは日本ではない。シンガポールでトレンドの最先端を行く街の一角である。とあるショッピングセンターの生鮮食料品売り場は、扱う青果物のほぼ全てが日本産。国内にいるのではないかと錯覚するほどの品揃えや物量は圧巻だ。しかも値段は、庶民の手に届く範囲。例えば、野菜の高値が続いた今年冬でも、キャベツ一玉は七SGD程度、日本円にして五五〇円ほど。マレーシアから供給されるキャベツは二～三SGD、約二〇〇円であるから、比較すれば安くはないが、高嶺の花という存在でもない。買い物客は「日本産は美しいし品質が全然違う」「多少割高だけど味も鮮度も素晴らしい」と次々と買い物かごに入れていった。

## 沖縄を拠点にした輸出の仕組み

このような日本産青果物。よく見ると品物の中に沖縄県産の文字が目につく。実は輸出拠点の一つが沖縄なのだ。

沖縄からの青果物輸出をリードする県内場外卸業者大手のサニー沖縄は、一六年一〇月から輸出事業に乗り出した。いまでは香港やシンガポールなどにゴーヤーやパインといった沖縄の野菜や果物をはじめ、全国各地の青果物を送り出している。

二月下旬、那覇市内の倉庫を案内してもらった。集積スペースには県内のチェーンストアなどに出荷する物と並んで、海外向けの品物の姿があった。この日は重量にして六トン分を海外へ出荷する。本土の野菜が少ない冬場は地場産の比重が高まる。この日の注文は沖縄産の春菊、レタス、キュウリ、トマト、キャベツ、ナス、さらに特産のゴーヤーや島らっきょう、それにピーチパインなど。朝六時からのセリで購入した品物も多い。さらに長崎や宮崎、福岡産のイチゴ、青森のリンゴ、鹿児島からのミズナや茨城のサツマイモ、大分の小ネギといった全国各地の青果物も加わった。午後三時、パッキングされた野菜や果物はトラックで那覇空港の冷蔵施設に運ばれる。

那覇空港には全日空が沖縄貨物ハブネットワークを構築していて、深夜に那覇を出発し翌朝アジア各地に到着する貨物専用機を数多く飛ばしている。同社はこのネットワークを使っており、例えばシンガポールへは通関や低温保持の航空コンテナへの積み込みを経て、午前四時四〇分の貨物便で出発、翌朝九時には現地に到着、およそ二四時間後には店頭に並ぶというタイムスケジュールを築いている。船便ならば数週間はかかるだけに格段に速い輸送で、鮮度を落とさず消費者の手に届けることができるようになった。

しかも、沖縄県はこのネットワークを活用するため、国の一括交付金を財源に、平成三三年度までの計画で、輸出費用のうち航空貨物運賃を全額補助する事業をおこなっている。（輸出する品物のうち県産品が過半数を超えている場合)。この結果、現状では大きな価格競争力も生み出されている。城間優代表取締役は「輸出を一つの取引先に見立てると同社の売り上げランキングの四、五位に入るまでに伸びた」と言う。時限的な政策の後押しがあるとはいえ、いちば市場や卸売業が変革する時代、業者にとって輸出事業は新たなチャンスとなる可能性を秘めている。

## 万国津梁の故事を現代に生かす

沖縄には世界の架け橋を意味する「ばんこくしんりょう（万国津梁）」という言葉がある。かつて首里城にあった鐘に刻まれた文言で、日本と中国や東南アジアの真ん中に位置する特徴を生かし、多くの国々と交易してきた琉球王国を象徴する言葉だ。半径二〇〇〇キロ圏内に台湾、上海、ソウル、マニラ、北京、ハノイなどが入る沖縄。こうした地理的な強みや歴史文化は現代の農産物輸出にも生きている。

もともと離島県沖縄で青果物の流通を手がけてきた卸の担当者は、「地元産地だけでなく、全国の産地や市場と品物を取引するため船舶や航空便を使った物流は得意としていて、取引先が国内か海外かの違いはあっても同じ感覚で仕事している」と話す。

長距離の品物のやりとりに慣れているので、輸送にともなうリードタイムを見越して発注を受けたり、適期に届けたりといったノウハウにも精通しているのだ。

いま日本国内を見渡すと、高齢化や人口減少が進み、食市場は縮小方向にある。農産物の生産・販売量の維持拡大を望む日本。一方で、日本の野菜や果物に熱い視線を向ける海外の消費者。両者の思いは一致している。

こうした中、国の農林水産業・地域の活力創造本部も、沖縄ならではの潜在的能力に目を向け、那覇空港の農産物輸出拠点化を輸出力強化戦略の一つに挙げて取り組み始めた。沖縄からの輸出は、県内のみならず日本国内の物流や流通、小売り産業への波及効果も期待されるだけに、県、国、民間が力を合わせて成長・定着させることができるか注目される。

（つちはし　だいき・ＮＨＫ沖縄放送局）

海外レポート

# 見聞！　ドイツの「緑の週間」
## 〜市民参加型の農業政策の形成〜

会員　石井　勇人

ドイツの首都ベルリンで開かれた「緑の週間」（ＩＧＷ）を取材する機会を得た。世界最大規模の見本市だけでなく、閣僚レベルの政府会合や、大規模な市民集会が開かれ、民間ビジネス、政府・自治体、市民が重層的に関わって、農業政策の形成に影響を与えていた。その概要を報告する。

### ◆◇◆巨大見本市

「緑の週間」は正式名を「ベルリン国際グリーン・ウィーク」Internationale Grune Woche Berlin）と言い、戦前から開かれている食品、農林水産、園芸などの総合的な見本市だ。ドイツ農民連合（ＤＢＶ）やドイツ食品飲料産業連盟（ＤＶＥ）などがスポンサーとなり、八三回目の今年は一月一九日～二八日にベルリンメッセで開かれた。

展示スペースだけで一一・六ヘクタールもあり、生きた家畜を展示し動物園のような会場もあれば、優良馬の展示を兼ねたポロの屋内競技場まであって実際に試合をしていた。ドイツ国内の各州、海外六六カ国から一六六〇事業者が出展、一般にも有料（一日券一五ユーロ）で公開されており、四〇万人以上が訪れた。

多くのブースが模擬店を出し、民謡の演奏やダンスなどのアトラクションも多い。世界各地のグルメを手軽に楽しめるとあって、家族連れや退職者ら老若男女で賑わい、商談が中心の見本市というよりは、博覧会に近い。

出展規模としては最小級だが、日本ブースもあり有機栽培の緑茶や清酒を展示していた。昨年まで参加を中断しており「日本が復帰！」というのが、ちょっとした話題になっていた。

ドイツ連邦政府の食料農業省（ＭＢＥＬ）は「農業は社会の中心にある」というテーマで展示。経済協力開発省（ＢＭＺ）も別途、「フェアトレード」（公正貿易）をテーマに、綿花の栽培・流通について説明していた。

オーガニック（有機農産物）の独立した展示場があり、「生産比率は二〇％を目指す」（クリスチャン・シュミット食料農業相）という。一時期ほど急激ではないが、ドイツでは有機農産物が着実に普及している。

出展企業や政府・自治体にとって、販売促進やテスト市場という狙いもあるが、より積極的に中期的な市場の流れを作っていく「トレンド・セッター」という姿勢が強い。見本市全体を通じて、持続可能性、責任、公平などがキーワードであり、ひたすら経営規模の拡大と農業のビジネス化を促す安倍政権の政策との落差を感じた。

### ◆◇◆農業版ダボス会議

「緑の週間」の期間中、官・民様々なイベントや会合が開かれるが、世界食糧農業フォーラム（GFFA）には、産官学約二〇〇〇人が参加し、各界の指導者が自由に意見交換する世界経済フォーラム（ダボス会議）の「農業版」といった存在だ。

その中核として一月二〇日開かれた農相会合には、六九カ国、国際獣疫事務局（OIE）や国連農業機関（FAO）など国際機関の代表ら計約八〇人が参加した。日本政府からは、農相は例年国会と重なるため欠席し、農水審議官が参加している。

GFFAの今年のテーマは「持続可能で責任ある効率的な畜産の未来をつくる」。シュミット食料農業相は「温室効果ガスの排出量の約一五％が畜産部門で生じている。畜産物の需要の高まりとパリ合意の目標達成との間で、公正なバランスを取る必要がある」と述べた。

ＦＡＯの代表は、特定の種類の抗菌薬や抗ウイルス薬が効きにくくなるＡＭＲ（薬剤耐性）について、「食の安全の観点から現実の脅威であり、既に人間や動物に影響を与えている」と指摘、人畜共通感染症の面からも国際協調を急ぐべきだと強く訴えた。

背景には、途上国や新興国で食肉の需要が高まり、薬剤に依存した大規模生産が加速しているという危機感がある。持続可能な畜産業にするためには、国際的なルールが必要だという理屈だ。

確かに一理あるが、欧州の動物性タンパク質の一人当たり摂取量はアフリカの一〇倍近くもあり、新興国からみれば、先進国側の身勝手な主張と感じるだろう。ブラジルの代表は「気候に影響を与えず食肉を生産できる」と反発していた。

### ◆◇◆３万人集会

閣僚会合と同じ一月二〇日（土曜）、ベルリン中央駅前は約三万三〇〇〇人の群衆で埋め尽くされていた。各自持参した鍋や釜をしゃもじで「カンカン」と叩きながら、思い思いのプラカード、旗、風船などを掲げ、トラクター群とともに駅周辺を行進した。

プラカードの標語は「企業化された農業ではなく家族農業を守れ」「グリホサート（除草剤）に反対」「野菜をもっと食べよう」「蜂の音を聞こう」「豚を（豚舎から）解放しよう」など、様々だ。「ザット（もうたくさん、うんざり）！」というプラカードも目立った。「何が」というのを、自分たちの頭で考えさせるところがドイツらしい。シュミット食料農業相は「多国籍企業による流通支配（は、うんざりだ）」という解釈を示した。

バイエル州から来ていたアルバート・シュミットさん（六三）は「ドイツだけでなくすべての先進国で、産業界や金融機関が政治に強い影響を与え、オルガルキー（少数独裁体制）の傾向が強まっている。自分たちの権利を取り戻したいと望んでいる市民が多くいることを政治家に示さないといけない」と参加の動機を語ってくれた。

日本でも、かつては農業協同組合（ＪＡ）が中心になって食や農を考える大規模な集会が開かれていた。しかし「安倍一強」体制になってからは、集会どころか署名活動すらしなくなった。政策の形成に市民が積極的に関わる姿勢に、社会の健全性を感じた。

### ◆◇◆まとめ

「緑の週間」は単なる巨大見本市ではない。閣僚会合や大集会など、将来の日本の農政を見通す上で参考になることがとても多い。ただ会場は大変な混雑で、予備知識がないまま訪れると、人の海の中をさまよい歩いて疲れ果ててしまう。パンフレット類はほとんどがドイツ語で、英語のインタビューに応じてくれる人は意外と少ない。できれば事前に記者登録して、よく整備されたプレスルームを利用するとよい。

蛇足だが、大混雑の会場で国際農業ジャーナリスト連盟（ＩＦＡＪ）のマーカス・レッジャー前会長ら四人のＩＦＡＪのメンバーと偶然出会うことができた。それだけ国際的な注目を集めているということだろう。

（いしい　はやと・共同通信編集委員兼解説委員）

写真＝ベルリン中央駅前を埋め尽くす集会の参加者。
（2018年1月20日ベルリン市内）

●全国山羊サミットｉｎ岐阜●
# ヤギを核に、多様な連携

会員　小谷あゆみ

「第一九回全国山羊サミット」が、昨年、二〇一七年一一月四、五の二日間、岐阜県美濃加茂市で開催された。山羊は耕作放棄地や斜面の除草、都市農業や学校飼育で子どもや高齢者にも飼いやすいこと、また、アレルゲンの少ないミルク、希少価値のあるチーズ加工など、様々な観点からヤギの利用が高まり、静かなブームを呼んでいる。

主催は「全国山羊ネットワーク」。会員は、現在五〇〇人を超え、今井明夫さん（前代表・新潟）が、「ヤギを感じ、学び、働き、つながる」をテーマに大いに語り合いましょうと挨拶した。

会場には、実行委員長の八代田真人さん（岐阜大学応用生物科学教授）をはじめ、大学ほかの研究者、ヤギ牧場の生産者や畜産関係者、行政機関、学校飼育の先生からペットとしてヤギを飼う人まで、二八〇人が集まった。

サミットは、一日目が基調講演二人と事例発表一五人。美濃加茂市では二〇一一年から公園の斜面での「山羊さん除草隊」が始まり、二〇一三年からは「里山千年構想」に基づき、市と岐阜大学と農事生産法人（有）フルージックとの三者協定で、緑地管理の調査研究がなされた。講演では、そのきっかけとなったフルージックの渡辺祥二代表が、山羊を見に近隣の市民が来るようになり、癒しやふれあい、環境、教育などの効果が生まれたこと、メディアに取り上げられると、企業から工場の緑地帯の管理を任されるなど、ヤギを軸に多様な主体との連携が生まれていると報告した。

印象的だったのは渡辺代表が、「美濃加茂市ではみんなヤギと言わず、ヤギさんと呼ぶのでご了承ください」と言い、後へ続く発表者も全員そう呼んだので、地域がヤギを大切な仲間として歓迎している様子が感じられた。

## あたたかい命を伝える

美濃加茂市立蜂谷小学校の前校長、井戸千恵子さんの講演では、鳥インフルエンザの影響で多くの学校から飼育動物が姿を消し、考えあぐねていたところ、フルージックの協力で六頭のヤギを飼育するようになった経緯が語られた。一年生の生活科には「いきものと仲良し」というテーマで、命や自立の基礎を養う授業があり、ヤギを触った子ども達は「息があたたかい」と感激し、エサをあげてかわいがり、さらにはヤギ糞堆肥で作ったサツマイモを収穫体験し、「みんなの命がつながっているね」という感想まで飛び出したという報告であった。

さらに独立行政法人家畜改良センター長野支場、あいちエコヤギネットワーク、名城大学、国際ヤギ協会、日本獣医生命科学大学、高知県南国市の川添ヤギ牧場、岐阜県立加茂農林高校からは、「ヤギ糞堆肥のサツマイモを使った塩麹ドーナツ」の商品開発など、様々な発表があった。極めつけは、兵庫県淡路島の開業獣医師・山崎博道さんによる「泌乳雄ヤギの二世」である。

雄ヤギが乳を出す事例として山羊サミット（二〇一一年）でも報告されたそうだが、その二世にあたる雄ヤギ（コタロウ二歳半）の乳が肥大しているのを見つけ、搾ってみたところ、乳が勢いよく出たという。

山崎さんの考察では、「一世も二世も、本来の母ヤギが病死したり、病気がちだったことから、乳を欲しがる子ヤギの鳴き声に、父ヤギが刺激され、ホルモンが変化して乳が出たのでは」というもの。現在、東海大学のグループが採血して分析中である。あまりにも特異な例ではあるが、会場をどよめかせた。

二日目はヤギの飼育技術講習会、防疫管理、ヤギ乳のキャラメルづくり、ヤギとのふれあいイベントが実施され、盛況のうちに幕を閉じた。

公益社団法人畜産技術協会の統計によると、一九五七年には全国に六七万頭いたヤギは二〇一六年現在、一万七〇〇〇頭に減少している。その一方で食の多様化やヤギ食文化のあるアジアなどからの訪日外国人の影響か、ヤギの需要は増え、首都圏や関西など沖縄以外での輸入が増加している。

本州におけるヤギの価値は、いわゆる畜産物という側面だけでなく、人との関係性においてではないか。

## 「かわいい」という価値

美濃加茂市の隣に位置する可児市の帷子公民館でも、子ども達や高齢者とのふれあいにもヤギが貢献している。発表した冨田清館長の言葉を、最後に紹介したい。

「一人でも多くの子どもにヤギさん除草隊とふれあい、好きになってもらいたい。なぜなら人は好きなもののことは傷つけないし、大切に守ろうとするから」

都市と農村の関係、命や思いやりの心の教育を考えたとき、ヤギの存在価値は大きい。最初は除草能力を期待していた主体も、始めてみるとそれ以上にヤギの精神的、教育的な意義を感じるようである。人懐っこく、かわいいヤギの特徴は、人の心を和ませ、農業や畜産を身近にする役割をもっている。犬や猫などのペットと違い、あくまで家畜であるという普及もふまえた上で、ヤギの広がりに期待したい。第二〇回は今年一〇月、茨城県での開催が決まっている。

（こたに・あゆみ　フリーアナウンサー・エッセイスト）

アンケート

# 安倍政権の農政の評価を問う●調査結果

■総合評価では、安倍農政は「悪い傾向」が八割

■規制改革推進会議などの政策決定プロセスについて「悪い傾向」が九割

【調査概要】

■調査目的：五年間に及ぶ安倍政権の農業政策の成果を検証するため

■調査対象：「農政ジャーナリストの会」所属の個人会員

■調査期間：二〇一七年一〇月三〇日（月）～一二月一八日（月）

■調査方法：会員への郵送、メール配信による調査

【設問①】農地中間管理機構、輸出促進、米生産調整、種子法廃止などの施策について

「とても良い」０％　「良い」８％　「どちらかといえば良い」０％

「良くも悪くもない」14％　「どちらかといえば悪い」27％　「悪い」20％

「とても悪い」31％

【設問②】環太平洋連携協定（ＴＰＰ）などの通商政策

「とても良い」２％　「良い」７％　「どちらかといえば良い」４％

「良くも悪くもない」４％　「どちらかといえば悪い」11％　「悪い」35％

「とても悪い」37％

【設問③】ＪＡ全農、ＪＡ全中などの農業協同組合の改革

「とても良い」０％　「良い」５％　「どちらかといえば良い」11％

「良くも悪くもない」９％　「どちらかといえば悪い」17％　「悪い」30％

「とても悪い」28％

【設問④】規制改革推進会議、未来投資会議などの政策決定プロセス

「とても良い」０％　「良い」０％　「どちらかといえば良い」７％

「良くも悪くもない」０％　「どちらかといえば悪い」10％　「悪い」20％

「とても悪い」63％

【総合評価】設問①～④の合計
「とても良い」0％　「良い」5％　「どちらかといえば良い」6％
「良くも悪くもない」7％　「どちらかといえば悪い」16％　「悪い」26％
「とても悪い」40％

【自由記入欄】（抜粋）

●安倍政権下での農業政策で評価できる点はほとんどない。政策決定のプロセス、内容、実施方法の多くに問題があり、現場農業者は非常に不信と不満を募らせている。農地中間管理機構では、名称とは違い、中間保有機能やマッチング機能がないままで、特に中山間地域では無用の長物となっている。平野部でも従来の貸借を助成金をもらうために機構を通す付け替えが主流で、付け替えが終わった今後は、さらに存在が疑問視されるようになるのではないか。収入保険制度が始まるが、本人の前収入との比較ではなく、地域の他産業や地域の平均所得との比較による所得政策が必要だと思っている。

●農家の所得向上が農業・農村の活性化に不可欠であるのは確かだが、規制の撤廃が全てと見える競争力強化の手法は乱暴に過ぎる。しがらみのない視点からの切り込みが規制改革推進会議主導の意図と思われるが、農業・農村の現場の事情を無視して自由な競争を促すだけでは、成功者を出す一方で、多くの敗者を生む懸念がある。企業家が全て成功するなどありえないし、同様に農家全員を経営者にして成功させようという政策（少なくとも競争力強化の負の部分をどうカバーするのか政府は説明していない）は、現実問題として無理と言わざるを得ない。日本の通商政策から「多様な農業の共存」が抜けてしまったのは、外交政策の大きな後退と考える。競争力強化の陰に隠れてしまったが、農山漁村のにぎわいを取り戻すためには、競争力が強くない人も含め、多くの人が農村で暮らせる環境の整備が必要であると考える。

●種子法の廃止に戸惑いが見られる。新規就農者対策に地域でよそ者扱いが多く、なかなかなじめなく就農を辞める人が多い。また農産物の盗難が多く、鳥獣対策に人間も入れるべきではなかろうか。畜産分野に力を注いでいるが、十数年前に補助金で導入した糞尿処理施設が稼働せず、自治体からあちこちで勧告されている。河川の汚染がひどい。生産の方に補助金は出ているが、後始末に頭がまわらないのでは。畜産環境リースを創設して対応しているが、いい技術があっても手続きが複雑なのか、まだどこも決まっていない。このままだと、廃業に追い込まれてしまう。もっと迅速にできるはず。美しい日本と言えない。農協改革は郵政民営化と同じようにＪＡバンクを狙っている感じがする。一体、それで日本の農業は守れるのか。

●政策の策定でコンセンサスが不十分。「上からの改革」という印象が強い。このため、農協の内部に守旧派、改革派という不毛な対立を招いた。

●アベノミクスが破たんする中で推進される「安倍新農政」は、早くも行き詰まりを見せている。安倍農政の眼目である「企業化・大規模化」は、すでに国際的にも破綻をきたしている政策である。日本農業の歴史、農業の諸環境を鑑みても無理がある。現実に農業参入した多くの企業が黒字化できずに苦戦し、大規模化を図る生産者・法人も壁にぶつかっているのが、現状である。安倍政権が「錦の御旗」に掲げてきた「日本産農産物輸出一兆円」という輸出戦略も、ここ一、二年の伸び率の低下を見れば行く手は厳しい。明確な戦略を打ち立て、積極的な支援策なくして、前倒しの二〇一九年はおろか当初の二〇二〇年の達成も極めて難しい。

●農業関係者以外の新たな発想を導入しようとする試み自体は悪くはないが、尊重しすぎる事には反対。政策決定の権限が官邸に集中し過ぎており、各省庁はまるで下請け機関である。それでもまともな施策が出されてくるなら良いが、ほとんどがグローバル化した企業が喜ぶような政策ばかりで現実を踏まえたものでない。これは農政ばかりでなく、安倍政治が社会のあり方を偏跛なものにしようとばかりしているせいであり、失われた二〇年以前の分厚く健全な中間層を復活させるような政策を打つべきである。そのことによって自から農業も息を吹き返し、まともな政策が打たれるようになろう。生源寺先生は現場の負担感の増大を問題の一つにしていたが、農政改革八法案など一体誰が喜んでいるのだろう。農水省の皆さん。もう少しイニシアチブを発揮して欲しいと思います。

## 編集後記

○…節句には決まって、友人から自家製の餅が届き、一〇年以上も続いています。草餅、玄米餅など体に良さそうな切餅が、網の上でぷーと膨らむ。種子は在来種で、自家採取を繰り返しながら何十年も守っている。静岡市郊外、稲作専業の友人は親戚・知人へ、お裾分けする祝い餅を一日がかり餅搗きに。農家の行事を大事に暮らす。

○…昨年末の幹事会。「安倍農政」をわれわれ会員はどう見てるンだろうか？ そんなつぶやきが会員全員によるアンケート記事『安倍農政の評価』の企画に。

特集は危機的状をの指摘される『日本の酪農・畜産』。研究会当時はTPP交渉最最終段階でしたが、その後アメリカ抜きのTPP11へ。畜産・酪農も重要性を内容に内包しているが、状況変化にも色あせず、読み応え。当時の情勢を記録に残すことで、講師諸氏に校正作業に苦労を強いて深謝です。特集関連巻頭文『畜産経営を考える』は注目記事に！

○…ドイツの首都ベルリンで開かれた「緑の週間」を『海外レポート』。正式名「ベルリン国際グリーン・ウィーク」は、三万人余参加者の思いをプラカードに。是非ご一読を。『地方記者の眼』は沖縄から報告。執筆者は一〇程前、国際農業ジャーナリスト日本大会を支えた裏方の一人。誌面再会に懐かしさを。

○…宅地並み課税を現場取材していたあの頃、死活の都市農業に再び法律改正を迎え、『農政の焦点』に詳しく。

前号『海外レポート』筆者の水口哲氏の名前は正しくは「さとる」。お詫びして訂正します。(青)

日本農業の動き No.198
危機に瀕する日本の酪農・畜産
定価は裏表紙に表示してあります（送料は実費）。
平成三〇年四月二〇日発行©
発行 農政ジャーナリストの会
編集 会長 石井勇人
〒100-6826 東京都千代田区大手町一の三の一（JAビル）
電話 (03) 六二六九—九七七二
FAX (03) 六二六九—九七七三
販売 一般財団法人 農林統計協会
〒153-0064 東京都目黒区下目黒三—九—一三 目黒・炭やビル
電話 (03) 三四九二—二九八七
URL: http://www.aafs.or.jp/
振替 〇〇一九〇—五—七〇二五五
購読のお申込みは近くの書店か、直接発行・販売元へご連絡下さい。バックナンバーもご利用下さい。

PRINTED IN JAPAN 2018 ISBN978-4-541-04248-4 C0061

耕そう、大地と地域のみらい。
安全と安心を、すべての食卓に。
JAグループは、生産者一人ひとり
と共に、今日も進みつづけます。
この国の豊かな大地と地域の
くらしを、次の世代へ伝えるために。
JAグループ
耕そう、大地と地域のみらい。
安全と安心を、すべての食卓に。
JAグループは、生産者一人ひとり
と共に、今日も進みつづけます。
この国の豊かな大地と地域の
くらしを、次の世代へ伝えるために。
JAグループ